计算方法及程序实现

主编　刘华蓥

副主编　吴雅娟　杨　永

科学出版社

北　京

内 容 简 介

本书重点介绍现代工程技术中计算机上常用的行之有效的数值方法及程序实现，包括绪论、非线性方程的数值解法、线性代数计算方法、插值与拟合、数值微积分、常微分方程初值问题的数值解法以及算法的程序实现共7章。全书内容精炼、深入浅出、循序渐进，前6章均配有适量的例题和习题，对于每个重要的数值计算方法都给出了便于编程的算法。第7章给出了各经典算法的C语言、VB语言和MATLAB的程序实现。

本书可作为高等工科院校计算方法课程的教材，也可作为成人教育的教材和工程技术人员的自学参考书。

图书在版编目(CIP)数据

计算方法及程序实现/刘华蓥主编. —北京：科学出版社，2015

ISBN 978-03-045416-4

Ⅰ. ①计… Ⅱ. ①刘… Ⅲ. ①数值计算－程序设计－高等学校－教材 Ⅳ. ①O241 ②TP311.1

中国版本图书馆CIP数据核字（2015）第195650号

责任编辑：宋 丽 王 为 / 责任校对：马英菊

责任印制：吕春珉 / 封面设计：东方人华平面设计部

科学出版社 出版

北京东黄城根北街16号

邮政编码：100717

http://www.sciencep.com

北京九州迅驰传媒文化有限公司 印刷

科学出版社发行 各地新华书店经销

*

2015年8月第 一 版 开本：787×1092 1/16

2023年1月第十次印刷 印张：11

字数：257 000

定价：30.00元

（如有印装质量问题，我社负责调换〈九州迅驰〉）

销售部电话 010-62134988 编辑部电话 010-62135120-2005

前　言

教育、科技、人才是全面建设社会主义现代化国家的基础性、战略性支撑。随着科学技术的发展，科学与工程计算已经成为平行于理论分析和科学实验的第三种科学研究手段，而计算方法这门课程就是针对科学与工程计算过程中必不可少的环节——数值计算过程而设立的。本课程研究用计算机解决数学问题的数值方法和理论。目前，各高等工科院校已普遍开设计算方法课程，本书就是为此而编写的。

本书是编者根据多年的教学实践编写而成，在编写中坚持科技是第一生产力、人才是第一资源、创新是第一动力，其宗旨是向读者介绍有关数值计算方面的基础理论与方法及各经典算法的程序实现。本书内容精炼，侧重于计算机上常用算法的描述与实现，致力于培养数值计算工作者分析问题与解决问题的能力。

本书由刘华蓥担任主编，吴雅娟和杨永担任副主编。第 1、3、6 章由刘华蓥编写，第 2、4、5 章由杨永编写，第 7 章由吴雅娟编写。本书的授课学时为 48～64 学时（含上机），教师可以根据授课对象和教学需要选讲部分内容，但作为一门完整的课程体系，选学的内容应由学生自学完成。

在本书的编写过程中，得到了东北石油大学计算机基础教育系的老师们的指导与帮助，在此我们表示诚挚的感谢。

由于编者水平有限，书中难免有不足之处，恳请广大读者批评指正。

目　　录

第 1 章　绪　　论

1.1　计算方法的研究内容与意义

随着科学技术的发展，科学与工程计算已被推向科学活动的前沿，它与实验、理论三足鼎立，相辅相成，成为人类科学活动的三大方法之一。因此，熟练地运用电子计算机进行科学计算，已成为科技工作者的一项基本技能。

一般来讲，用计算机解决科学计算问题需要经历如下过程：

实际问题→数学模型→数值计算方法→程序设计→上机计算求出结果

由此可见，计算方法这门课程就是针对科学与工程计算过程中必不可少的环节——数值计算过程而设立的，用于研究用计算机解决数学问题的数值方法和理论。它以纯数学为基础，着重研究解决问题的数值方法的效果，如计算速度、存储量、收敛性、稳定性及误差分析等。

除性质论证外，在实际问题中人们主要关心的是问题的解，包括解析解和数值解。解析解固然很重要，但不是任何时候都能获得的。例如，定积分 $I=\int_a^b \mathrm{e}^{-x^2}\mathrm{d}x$，其中的被积函数 $f(x)=\mathrm{e}^{-x^2}$ 没有有限形式的原函数 $F(x)$，因此不能用牛顿-莱布尼茨公式求其值，而从应用的角度看能得到数值解也就够了，故可用某种数值计算方法求出 I 的满足一定精度要求的近似解。再如 20 阶线性方程组 $\boldsymbol{Ax}=\boldsymbol{b}$，若系数矩阵 $\boldsymbol{A}$ 非奇异，则用克莱默（Cramer）法则可求得其精确解，但该方法的乘除法运算次数为 9.7×10^{20} 次，用 1 亿次/s 的计算机计算也要 30 万年，说明用该方法解此问题是行不通的；而若采用某种解线性方程组的数值方法，如列主元高斯消去法，虽然只能求得近似的数值解，但其乘除法运算次数为 2670 次，即使用普通计算机计算也只需几秒。可见，研究实用的数值方法是很有意义的。

1.2　误　　差

一般来讲，数值计算都是近似计算，求得的结果都是有误差的，因此误差分析和估计是数值计算过程中的重要内容，通过它们可以确切地知道误差的性态和误差的界。

1.2.1　误差的主要来源

近似值与准确值之差，称为误差。按其来源，可分为模型误差、测量误差、截断误差和舍入误差等。

1. 模型误差

建立数学模型时，往往要忽略很多次要因素，把模型简单化、理想化，这时模型与真实背景之间就有了误差，这种误差称为模型误差。

2. 测量误差

数学模型中的已知参数，多数是通过测量得到的，而测量过程受工具、方法、观测者的主观因素、测量时随机因素的干扰等影响，必然存在误差，这种误差称为测量误差。

3. 截断误差

数学模型中的表达式一般都很复杂，常用易于计算的近似公式来代替。原来表达式的准确值与近似公式的准确值之差称为截断误差。这类误差往往是在用一个有限过程逼近无限过程的时候产生的。例如，函数 e^x 可展开为

$$e^x = 1 + x + \frac{x^2}{2!} + \cdots + \frac{x^n}{n!} + \cdots$$

若用 $1 + x + \frac{x^2}{2!}$ 代替 e^x，则其截断误差为 $\frac{x^3}{3!}e^{\theta x}(0 < \theta < 1)$。降低截断误差通常要以增大运算量（如在近似公式中多取几项）作为代价。

4. 舍入误差

用计算机做数值计算时，由于计算机的字长有限，当某数据的位数超过计算机所能表示的位数时，就要进行舍入，由此产生的误差称为舍入误差。例如，用 3.14159 代替π，用 1.414 代替 $\sqrt{2}$，等等。

一般情况下，每一步的舍入误差是微不足道的，但是经过计算过程的传播和积累，舍入误差也可能对真值产生很大的影响。

误差的来源虽然有以上种种，但是前两种误差往往不是计算工作者所能独立解决的，因此，在计算方法课程中一般只讨论后两种误差，即截断误差和舍入误差。

1.2.2 误差的基本概念

定义 1.1 设 x 为准确值，x^*为其近似值，称 $E=x-x^*$为近似值 x^*的绝对误差，简称误差。

在实际问题中，x 不能确知，故而 E 的准确值无法求出，只能估计出 $|E|$ 的上界 ε，即

$$|E| = |x - x^*| \leqslant \varepsilon$$

ε 称为 x^*的绝对误差限，简称误差限，也叫精度。由误差限 ε 可知准确值 x 的范围

$$x^* - \varepsilon \leqslant x \leqslant x^* + \varepsilon$$

在工程中常记为

$$x = x^* \pm \varepsilon$$

对同一个准确值 x 而言，误差限 ε 越小，近似值 x^*就越精确；然而对于不同的准确值 x 和 y，误差限 ε 的大小就不能完全反映出近似值 x^*和 y^*哪个更精确。例如，有 $x=10\pm1$ 和 $y=10000\pm5$，其中 x 和 y 的近似值分别为 $x^*=10$ 和 $y^*=10000$，相应的误差限 ε 分

别为1和5。从误差限来看，前者小后者大，但是，不能简单地认为x^*比y^*精确度更高，还应考虑准确值的大小。

定义 1.2 近似值x^*的误差与其准确值x之比

$$E_r = \frac{E}{x} = \frac{x - x^*}{x}$$

称为近似值x^*的相对误差。

相对误差绝对值的任一个上界ε_r均称为相对误差限，即

$$|E_r| = \frac{|x - x^*|}{|x|} \leqslant \frac{\varepsilon}{|x|} = \varepsilon_r$$

实际计算时，准确值x往往不知道，故而常用$E_r^* = \dfrac{E}{x^*}$代替相对误差E_r，用$\varepsilon_r^* = \dfrac{\varepsilon}{|x^*|}$代替相对误差限$\varepsilon_r$。

根据定义 1.2，近似值 $x^*=10$ 和 $y^*=10000$ 的相对误差限ε_r^*分别为$\dfrac{1}{10}=0.1$和$\dfrac{5}{10000}=0.0005$，由此可见，y^*近似y的程度比x^*近似x的程度好得多。

例 1.1 已知 e=2.71828182…，求其近似值 $e^*=2.71828$ 的绝对误差限ε和相对误差限ε_r^*。

解 $E=e-e^*=0.00000182\cdots$，故$|E|=0.00000182\cdots<0.000002=2\times10^{-6}=\varepsilon$，于是

$$\frac{\varepsilon}{|e^*|} = \frac{0.000002}{2.71828} \approx 0.704\times10^{-6} < 0.71\times10^{-6} = \varepsilon_r^*$$

显然，也可将绝对误差限ε取为3×10^{-6}或1.9×10^{-6}或其他，相对误差限ε_r^*亦可取为0.8×10^{-6}或10^{-6}或其他，即绝对误差限ε和相对误差限ε_r^*都是不唯一的，这是由于一个数的上界不唯一所致。

定义 1.3 设x^*是准确值x的一个近似值，把它写成规格化形式

$$x^* = \pm 0.a_1a_2\cdots a_na_{n+1}\cdots a_m\times10^k \tag{1.1}$$

其中$a_i\,(i=1,2,\cdots,m)$为0～9中的某个数字，且$a_1\neq0$。若x^*的绝对误差E满足

$$|E| = |x - x^*| \leqslant \frac{1}{2}\times10^{k-n}$$

则称x^*有n位有效数字$a_1,a_2,\cdots,a_n$。

由定义 1.3 可知，如果x^*的误差限是其某一数位的半个单位，则从x^*左边第一个非零数字起，到这一位数字止，都是该数的有效数字。例如，π=3.14159265…，其近似值 3.14 和 3.1416 分别有 3 位和 5 位有效数字，而 3.14365 也只是π的有 3 位有效数字的近似值。

一般地，如果认为计算结果各数位可靠，将它四舍五入到某一位，由于四舍五入的原因，舍入后的值与计算结果之差必不超过该数位的半个单位。设从左边第一个非零数字起，到这一位数字止，共有n位数字，则这n位数字皆为有效数字。因此习惯上说将

计算结果保留 n 位有效数字。例如，在计算机上算得方程 $x^3-x-1=0$ 的一个正根为 1.32472，则保留 4 位有效数字的结果为 1.325，保留 5 位有效数字的结果为 1.3247。

相对误差与有效数字位数的关系十分密切，有以下定理。

定理 1.1　设 x^* 是准确值 x 的某个近似值，其规格化形式为式（1.1）。

（1）若 x^* 具有 n 位有效数字，则 x^* 的相对误差 E_r^* 满足

$$\left|E_r^*\right| \leqslant \frac{1}{2}\times 10^{-n+1}$$

（2）若 x^* 的相对误差 E_r^* 满足

$$\left|E_r^*\right| \leqslant \frac{1}{2}\times 10^{-n}$$

则 x^* 至少具有 n 位有效数字。

证　$10^{k-1}=0.1\times 10^k \leqslant \left|x^*\right| < 10^k$，于是有：

（1）若 x^* 具有 n 位有效数字，则

$$\frac{\left|x-x^*\right|}{\left|x^*\right|} \leqslant \frac{\frac{1}{2}\times 10^{k-n}}{10^{k-1}} = \frac{1}{2}\times 10^{-n+1}$$

即 $\left|E_r^*\right| \leqslant \frac{1}{2}\times 10^{-n+1}$。

（2）若 $\left|E_r^*\right| = \frac{\left|x-x^*\right|}{\left|x^*\right|} \leqslant \frac{1}{2}\times 10^{-n}$，则

$$\left|x-x^*\right| \leqslant \frac{1}{2}\times 10^{-n}\times\left|x^*\right| \leqslant \frac{1}{2}\times 10^{-n}\times 10^k = \frac{1}{2}\times 10^{k-n}$$

于是 x^* 至少具有 n 位有效数字。

该定理表明，近似值的有效数字位数越多，则其相对误差限越小；反之，相对误差限越小，则其有效数字位数越多。

以下如无特别申明，对写出的具有有限位数字的数，从其左边第一个非零数字到最后一位数字，都认为是有效数字。

1.3　数值方法的稳定性与算法设计原则

对于一个数值方法，若原始数据或某一步有舍入误差，但在执行的过程中这些误差能得到控制（即误差不会放大或不影响结果的精度要求），则称该数值方法是稳定的，否则便称为是不稳定的。稳定的数值方法可以保证由原始数据的小误差引起的计算结果的误差也很小。

例 1.2　计算积分

$$I_n = \frac{1}{\mathrm{e}}\int_0^1 x^n \mathrm{e}^x \mathrm{d}x \quad (n=0,1,2,\cdots,9)$$

解　$$I_n=\frac{1}{e}\int_0^1 x^n e^x dx=\frac{1}{e}\left(x^n e^x\Big|_0^1-\int_0^1 nx^{n-1}e^x dx\right)=1-n\cdot\frac{1}{e}\int_0^1 x^{n-1}e^x dx$$

即

$$I_n=1-nI_{n-1} \tag{1.2}$$

（1）先计算 I_0，然后使用递推公式（1.2）依次计算 $I_1,I_2,\cdots,I_9$。

设计算值 I_n^* 的误差为 $E(I_n^*)(n=0,1,2,\cdots,9)$。易证，若 $\left|E(I_0^*)\right|=\delta$，则

$$\left|E(I_1^*)\right|=\delta,\ \left|E(I_2^*)\right|=2!\delta,\cdots,\left|E(I_9^*)\right|=9!\delta$$

由此可见，若计算 I_0 时产生了误差，则用该方法计算 I_9 时将误差放大了 9!=362880 倍，因此该数值方法不可取。

（2）先计算 I_9，然后用由式（1.2）得到的递推公式 $I_{n-1}=\dfrac{1-I_n}{n}$ 计算 $I_8,I_7,\cdots,I_0$。

显然，若在计算 I_9 时产生误差 $\left|E(I_9^*)\right|=\eta$，则用该方法计算 I_0 时的误差为 $\left|E(I_0^*)\right|=\dfrac{\eta}{9!}$。

由此可知，使用该方法计算时不会放大舍入误差，所以该数值方法是稳定的。

为了求得满意的数值解，在选用数值方法和设计算法时，都应注意以下原则：

（1）防止大数“吃掉”小数。在数值运算中参加运算的数有时数量级相差很大，而计算机位数有限，如不注意运算次序就可能出现大数“吃掉”小数的现象，从而影响计算结果的可靠性。

（2）避免两个相近数相减。在计算中两个相近数相减，有效数字的位数会严重损失，因此，如果在算法分析中发现有可能出现这类运算，最好的办法是改变计算公式。例如，$\sqrt{x+1}-\sqrt{x}(x\gg 1)$ 可改成 $\dfrac{1}{\sqrt{x+1}+\sqrt{x}}$ 来计算。

（3）避免大数作乘数和小数作除数。当用一个绝对值很大的数乘一个有误差的数时，积的误差就会比被乘数的误差大很多倍；类似地，在进行除法运算时，如果除数的绝对值太小，则商的误差就会比被除数的误差大很多倍。因此，在算法设计中，要尽可能避免出现这类运算。

（4）减少运算次数，避免误差积累。一般说来，运算次数越多，中间过程的舍入误差积累越大。因此，同样一个计算问题，如果能减少运算次数，不仅可以提高计算速度，还能减少舍入误差的积累。

例 1.3　在五位十进制计算机上，计算

$$A=52492+\sum_{i=1}^{1000}\delta_i$$

其中 $0.1\leqslant\delta_i\leqslant 0.9$。

解　把参与运算的数写成规格化形式

$$A=0.52492\times 10^5+\sum_{i=1}^{1000}\delta_i$$

在计算机内计算时要对阶，设 $\delta_i=0.a_1^{(i)}a_2^{(i)}\cdots a_{n_i}^{(i)}$，则对阶时

$$\delta_i = 0.00000a_1^{(i)}a_2^{(i)}\cdots a_{n_i}^{(i)} \times 10^5$$

在五位的计算机中表示为机器零，因此

$$A = 0.52492\times 10^5 + 0.00000a_1^{(1)}\cdots a_{n_1}^{(1)}\times 10^5 + \cdots + 0.00000a_1^{(1000)}\cdots a_{n_{1000}}^{(1000)}\times 10^5$$

$$\triangleq 0.52492\times 10^5 \quad (\text{符号} \triangleq \text{表示机器中相等})$$

$$= 52492$$

结果显然不可靠，这是由于运算中大数 52492“吃掉”了小数 $\delta_i\,(i=1,2,\cdots,1000)$造成的。如果在连加中将小数放在前面，即先加小数，然后由小到大逐次相加，则能对和的精度作适当改善。在例 1.3 中，将计算次序改为

$$\sum_{i=1}^{1000}\delta_i + 52492$$

由于

$$0.1\times 10^3 \leqslant \sum_{i=1}^{1000}\delta_i \leqslant 0.9\times 10^3$$

故而

$$0.001\times 10^5 + 0.52492\times 10^5 \leqslant A \leqslant 0.009\times 10^5 + 0.52492\times 10^5$$

即

$$52592 \leqslant A \leqslant 53392$$

计算结果的精度有了较大的改善。

例 1.4 计算 x^{255}。

解 （1）如果直接计算 x^{255}，需进行 254 次乘法运算；

（2）若用公式 $x^{255} = x\cdot x^2\cdot x^4\cdot x^8\cdot x^{16}\cdot x^{32}\cdot x^{64}\cdot x^{128}$ 计算，只需做 14 次乘法运算。

例 1.5 计算 $P_n(x) = a_n x^n + a_{n-1}x^{n-1} + \cdots + a_1 x + a_0$ 的值。

解 （1）如果直接进行计算，需进行 $\dfrac{n(n+1)}{2}$ 次乘法和 n 次加法运算。

（2）若改用如下递推公式

$$\begin{cases} s_n = a_n \\ s_k = xs_{k+1} + a_k \qquad (k=n-1,n-2,\cdots,1,0) \\ P_n(x) = s_0 \end{cases}$$

来计算，只需做 n 次乘法和 n 次加法运算。这种方法称为秦九韶法。

习 题 1

1.1 将下列各数

326.785，7.000009，0.0001326580，0.6000300

皆四舍五入为具有五位有效数字的数。

1.2 指出由四舍五入得到的下列各数分别有几位有效数字。

7.8673，8.0916，0.06213，0.0007800

1.3　设准确值为x=3.78695，y=10，它们的近似值x_1^*=3.7869，x_2^*=3.7870，y_1^*=9.9999，y_2^*=10.1，y_3^*=10.0001分别具有几位有效数字？

1.4　设x^*=0.0056731是x的具有五位有效数字的近似值，试计算其绝对误差限和相对误差限。

1.5　设x=1990±10，y=1.99±0.001，z=0.000199±0.000001，试问这三个近似值x^*=1990，y^*=1.99和z^*=0.000199哪一个精确度高？为什么？

第 2 章　非线性方程的数值解法

在生产实际和科学计算中，经常会遇到求解非线性方程

$$f(x)=0 \tag{2.1}$$

的问题，其中 $f(x)$ 是一元非线性函数。若 $f(x)$ 为 n 次多项式（$n>1$），则称式（2.1）为 n 次代数方程；若 $f(x)$ 是超越函数，则称式（2.1）为超越方程。由代数理论可知，五次及五次以上的代数方程没有公式解，而超越方程就更加复杂，难以求解，因此研究非线性方程的数值解法就显得非常必要。

方程 $f(x)=0$ 的根，也称为函数 $f(x)$ 的零点。根有实根和复根两种，本章只讨论实根近似值的求法。

对方程 $f(x)=0$ 求根，大致可分三个步骤进行：

（1）判定根的存在性。确定方程是否有根，如果有，会有几个根。

（2）根的隔离。先求出有根区间，然后把它分为若干个子区间，使每个子区间内或者没有根，或者只有一个根。这样的有根子区间称为隔根区间，其上的任意一点都可以作为根的初始近似值。

（3）根的精确化。根据根的初始近似值，按某种方法逐步精确化，直到满足精度要求为止。

本章恒设 $f(x)$ 连续。

2.1　根 的 隔 离

根的隔离主要有三种方法：试值法、作图法和扫描法。

2.1.1　试值法

根据函数的性质，进行一些试算。由连续函数的性质可知，如果 $f(x)$ 在 $[a,b]$ 上连续，且满足 $f(a)\cdot f(b)\leqslant 0$，那么方程 $f(x)=0$ 在区间 $[a,b]$ 上至少有一个实根；进一步，如果 $f(x)$ 在 $[a,b]$ 上单调，那么方程 $f(x)=0$ 在 $[a,b]$ 上只有一个实根。

例 2.1　求方程 $2x^3+3x^2-12x-8=0$ 的隔根区间。

解　设 $f(x)=2x^3+3x^2-12x-8$，其定义域为 $(-\infty,+\infty)$，其导函数为

$$f'(x)=6x^2+6x-12=6(x-1)(x+2)$$

所以当 $x\in(-\infty,-2)$ 时，$f'(x)>0$，函数单调上升；当 $x\in(-2,1)$ 时，$f'(x)<0$，函数单调下降；当 $x\in(1,+\infty)$ 时，$f'(x)>0$，函数单调上升。因此在每个区间上至多只有一个根。取几个特殊的点计算函数值，$f(-4)=-40$，$f(-3)=1$，$f(-1)=5$，$f(0)=-8$，$f(2)=-4$，$f(3)=37$，所以，隔根区间可取为 $(-4,-3)$、$(-1,0)$ 和 $(2,3)$。由于 $f(x)$ 为三次多项式，至多有 3 个实根。因此这就是方程 $f(x)=0$ 所有的隔根区间。

2.1.2　作图法

例 2.2　求方程 $f(x)=x^3-3x-1=0$ 的隔根区间。

解　$f'(x)=3x^2-3$，$f''(x)=6x$，当 $x<0$ 时，$f''(x)<0$；当 $x>0$ 时，$f''(x)>0$。画出 $f(x)$ 的草图，如图 2-1 所示，从图中可大致确定隔根区间为(−2,−1)、(−1,1)和(1,2)。

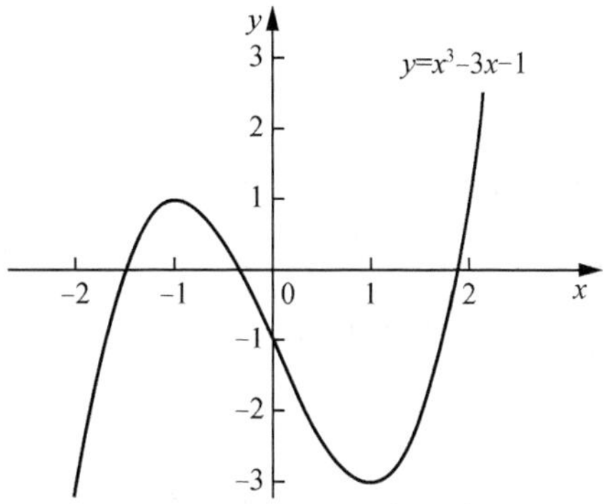

图 2-1

2.1.3　扫描法

扫描法是一种在计算机上较实用的方法。简单地说，扫描法就是将有根区间等分为若干个子区间，然后从有根区间的左端点开始，一个一个小区间地检验是不是隔根区间。

扫描法算法：

（1）输入有根区间的端点 a, b 及子区间长度 h。

（2）$a \Rightarrow x$。

（3）当 $x \leqslant b-h/2$ 时，做循环：

① 若 $f(x)\cdot f(x+h)\leqslant 0$，则输出隔根区间$[x, x+h]$；

② $x+h \Rightarrow x$。

对于代数方程

$$f(x)=a_0x^n+a_1x^{n-1}+\cdots+a_{n-1}x+a_n=0 \quad (a_0\neq 0)$$

设 $A=\max(|a_1|,|a_2|,\cdots,|a_n|)$，则其实根的上、下界分别为 $1+\dfrac{A}{|a_0|}$ 和 $-\left(1+\dfrac{A}{|a_0|}\right)$，由此即可确定其有根区间$[a,b]$。

下面着重介绍对分法、迭代法、牛顿法和弦割法等几种根的精确化方法。

2.2　根的精确化

2.2.1　对分法

设$[a,b]$为方程$f(x)=0$的一个隔根区间，即方程$f(x)=0$在$[a,b]$区间上有且仅有一个根，于是可用对分法求出这个根的满足一定精度要求的近似值。方法如下：

（1）取区间$[a,b]$的中点$c=\frac{a+b}{2}$，计算$f(c)$，若$f(c)=0$，则取$\alpha=c$为所求方程的根；否则，若$f(a)\cdot f(c)<0$，则方程的根在区间(a,c)内，记$a_1=a$，$b_1=c$；若$f(a)\cdot f(c)>0$，则根在区间(c,b)内，记$a_1=c,b_1=b$，此时的含根区间为$[a_1,b_1]\subset[a,b]$，区间$[a_1,b_1]$的长度$d_1=\frac{b-a}{2}$。

（2）再取区间$[a_1,b_1]$的中点$c_1=\frac{a_1+b_1}{2}$，计算$f(c_1)$。若$f(c_1)=0$，则取$\alpha=c_1$作为方程的根；否则，若$f(a_1)\cdot f(c_1)<0$，则方程的根在区间(a_1,c_1)内，记$a_2=a_1,b_2=c_1$；若$f(a_1)\cdot f(c_1)>0$，则根在区间(c_1,b_1)内，记$a_2=c_1$，$b_2=b_1$，此时的含根区间为$[a_2,b_2]\subset[a_1,b_1]\subset[a,b]$，区间$[a_2,b_2]$的长度$d_2=\frac{b-a}{2^2}$。

仿上继续进行下去……

取区间$[a_{n-1},b_{n-1}]$的中点$c_{n-1}=\frac{a_{n-1}+b_{n-1}}{2}$，计算$f(c_{n-1})$，若$f(c_{n-1})=0$，则取$\alpha=c_{n-1}$作为方程的根；否则，若$f(a_{n-1})\cdot f(c_{n-1})<0$，则记$a_n=a_{n-1}$，$b_n=c_{n-1}$；若$f(a_{n-1})\cdot f(c_{n-1})>0$，则记$a_n=c_{n-1}$，$b_n=b_{n-1}$，此时的含根区间为$[a_n,b_n]\subset[a_{n-1},b_{n-1}]\subset\cdots\subset[a_1,b_1]\subset[a,b]$，区间$[a_n,b_n]$的长度$d_n=\frac{b-a}{2^n}$，若取$\alpha^*=\frac{a_n+b_n}{2}$为根的近似值，则其绝对误差限为$\frac{b-a}{2^{n+1}}$。可以看到，当$n\to\infty$时，绝对误差限$\frac{b-a}{2^{n+1}}\to 0$，因此用对分法总可以找到满足精度要求的近似值，但当精度要求较高时，计算量会很大。

对分法算法：

（1）输入隔根区间的端点a, b及预先给定的精度要求 eps。

（2）做循环：

① $(a+b)/2\Rightarrow c$；

② 若$f(c)=0$，则结束循环；

否则，若$f(a)\cdot f(c)<0$，则$c\Rightarrow b$；

否则$c\Rightarrow a$。

直到$b-a\leqslant$ eps 为止。

（3）输出c。

2.2.2 迭代法

首先把方程$f(x)=0$改写成等价的形式

$$x=\varphi(x)$$

于是有迭代公式

$$x_{k+1}=\varphi(x_k)\quad (k=0,1,2,\cdots) \tag{2.2}$$

然后选取初始值x_0，代入式（2.2）可得x_1，再将x_1代入式（2.2）可得x_2，依此继续下去，便可得到迭代序列$\{x_k\}$，这种求根方法称为简单迭代法，也称迭代法。$\varphi(x)$称为迭代函数，如果迭代序列$\{x_k\}$收敛，则称迭代法收敛，否则称迭代法发散。

如果迭代收敛，即有

$$x^* = \lim_{k\to\infty} x_k \tag{2.3}$$

由$f(x)$连续，可知$\varphi(x)$亦连续，利用连续函数的性质有

$$x^* = \lim_{k\to\infty} x_{k+1} = \lim_{k\to\infty}\varphi(x_k) = \varphi(\lim_{k\to\infty} x_k) = \varphi(x^*)$$

即x^*为方程$x=\varphi(x)$的根，也就是方程$f(x)=0$的根。由此可见，只要迭代序列收敛，其极限值x^*就是方程$f(x)=0$的根。

例 2.3　求方程$x^3-x-1=0$在$x_0=1.5$附近的根，精度要求为10^{-4}。

解　（1）可将方程改写成等价形式

$$x=\sqrt[3]{x+1}$$

于是有迭代公式

$$x_{k+1}=\sqrt[3]{x_k+1} \quad (k=0,1,2,\cdots) \tag{2.4}$$

将初始近似值$x_0=1.5$代入式（2.4），可得迭代序列$x_1, x_2,\cdots$，见表 2-1。

表 2-1

k	1	2	3	4	5	6
x_k	1.357209	1.330861	1.325884	1.324939	1.324760	1.324726

由表 2-1 可见迭代公式（2.4）是收敛的，$\alpha = x_6 = 1.324726$就是满足精度要求的一个近似根。

（2）如果将方程$x^3-x-1=0$改写成另一种等价形式

$$x=x^3-1$$

则迭代公式为

$$x_{k+1}=x_k^3-1 \quad (k=0,1,2,\cdots) \tag{2.5}$$

仍取初始近似值为$x_0=1.5$，迭代结果见表 2-2。

表 2-2

k	1	2	3	4
x_k	2.375	12.3965	1904.0028	6902441984

由表 2-2 可见，迭代公式（2.5）是发散的。

对同一个方程，$\varphi(x)$可以有不同的选取方法，而有的迭代过程收敛，有的迭代过程发散。那么，当$\varphi(x)$满足什么条件时，才能保证迭代收敛呢？

定理 2.1　设迭代函数$\varphi(x)$满足

（1）当$x\in[a,b]$时，$a\leqslant\varphi(x)\leqslant b$；

（2）存在正数$L<1$，对$\forall\ x\in(a,b)$，均有

$$|\varphi'(x)|\leqslant L$$

则 $x=\varphi(x)$ 在$[a,b]$内存在唯一根 α ，并且对任意初始值 $x_0\in[a,b]$，迭代法

$$x_{k+1}=\varphi(x_k)\quad (k=0,1,2,\cdots)$$

收敛于 α ，且

$$|x_k-\alpha|\leqslant\frac{L}{1-L}|x_k-x_{k-1}| \tag{2.6}$$

$$|x_k-\alpha|\leqslant\frac{L^k}{1-L}|x_1-x_0| \tag{2.7}$$

证　先证根的存在性。作辅助函数

$$F(x)=x-\varphi(x)$$

由条件（1）知，在区间$[a,b]$上有

$$F(a)=a-\varphi(a)\leqslant 0$$
$$F(b)=b-\varphi(b)\geqslant 0$$

当 $F(a)=0$ 或 $F(b)=0$ 时，a 或 b 就是方程的根，否则有 $F(a)\cdot F(b)<0$ ，因 $\varphi(x)$ 连续，所以 $F(x)$也连续，由连续函数性质可知，存在 $\xi\in(a,b)$ ，使 $F(\xi)=0$ ，即 $\xi=\varphi(\xi)$ ，于是 $\alpha=\xi$ 是方程的根。

再证根的唯一性。由

$$F'(x)=1-\varphi'(x)\geqslant 1-L>0\,,\,x\in(a,b)$$

可知，$F(x)$在区间$[a,b]$上严格单调上升，所以 $F(x)$在此区间上至多有一个根，根的唯一性得证。

最后证明迭代序列的极限就是方程的根。由 $x_{k+1}=\varphi(x_k)$ ，$\alpha=\varphi(\alpha)$ ，根据微分中值定理，必存在 ξ 介于 x_k 与 α 之间，及 $\bar{\xi}$ 介于 x_k 与 x_{k-1} 之间，使得

$$x_{k+1}-\alpha=\varphi(x_k)-\varphi(\alpha)=\varphi'(\xi)(x_k-\alpha)$$
$$x_{k+1}-x_k=\varphi(x_k)-\varphi(x_{k-1})=\varphi'(\bar{\xi})(x_k-x_{k-1})$$

由条件（2）知

$$\begin{cases}|x_{k+1}-\alpha|=|\varphi'(\xi)||x_k-\alpha|\leqslant L|x_k-\alpha|\\ |x_{k+1}-x_k|=|\varphi'(\bar{\xi})||x_k-x_{k-1}|\leqslant L|x_k-x_{k-1}|\end{cases} \tag{2.8}$$

于是

$$|x_k-\alpha|\leqslant|x_k-x_{k+1}|+|x_{k+1}-\alpha|\leqslant L|x_k-x_{k-1}|+L|x_k-\alpha|$$

整理可得

$$|x_k-\alpha|\leqslant\frac{L}{1-L}|x_k-x_{k-1}|$$

此即式（2.6）。

再反复利用式（2.8）的第 2 式，可得

$$|x_k-x_{k-1}|\leqslant L|x_{k-1}-x_{k-2}|\leqslant L^2|x_{k-2}-x_{k-3}|\leqslant\cdots\leqslant L^{k-1}|x_1-x_0|$$

将上式代入式（2.6）后，即得

$$|x_k-\alpha|\leqslant\frac{L^k}{1-L}|x_1-x_0|$$

此即式（2.7）。

由 $\lim\limits_{k\to\infty}\dfrac{L^k}{1-L}|x_1-x_0|=0$ 可知必有 $\lim\limits_{k\to\infty}|x_k-\alpha|=0$，即 $\lim\limits_{k\to\infty}x_k=\alpha$。迭代法收敛于方程的根得证。

从定理的结论式（2.6）可知，x_k 的误差可以由 $|x_k-x_{k-1}|$ 来控制，因此，只要相邻两次的计算结果的差 $|x_k-x_{k-1}|$ 达到事先给定的精度要求，就可取 x_k 作为 α 的近似值。这种做法常称为“误差的事后估计”。

从定理的证明过程可以看出，当 L 接近于 1 时，迭代过程的收敛速度会很慢，而当 L 接近于 0 时，迭代过程的收敛速度会很快。如果能对 L 的大小做出估计，对给定的精度要求，由式（2.7）可以大概估计出迭代所需的次数。

由于定理 2.1 的条件一般难于验证，而且在一个大的区间 $[a,b]$ 上，这些条件也不一定都成立，另外迭代过程往往就在根的附近进行，只要假定 $\varphi'(x)$ 在 α 附近连续，且满足 $|\varphi'(\alpha)|<1$，则根据连续函数的性质，一定存在 α 的某邻域 S：$|x-\alpha|\leqslant\delta$，使得 $\varphi(x)$ 在 S 上满足定理 2.1 的条件，故在 S 中任取初始值 x_0，迭代公式

$$x_{k+1}=\varphi(x_k)$$

必将收敛于方程 $x=\varphi(x)$ 的根 α，这种收敛称为局部收敛。

迭代法有比较明显的几何意义。把方程 $f(x)=0$ 改写为等价形式 $x=\varphi(x)$，实质上是把方程的求根问题转化为求直线 $y=x$ 与曲线 $y=\varphi(x)$ 的交点 P^*，P^* 的横坐标 x^* 就是方程的根，如图 2-2 所示。迭代过程就是在 x 轴上取初始值 x_0，过 x_0 作 y 轴的平行线交曲线 $y=\varphi(x)$ 于 P_0，P_0 的横坐标为 x_0，纵坐标为 $x_1=\varphi(x_0)$，再过 P_0 作 x 轴的平行线交 $y=x$ 于 Q_1，Q_1 的横坐标就是 x_1，再过 Q_1 作 y 轴的平行线交曲线 $y=\varphi(x)$ 于 P_1，P_1 的横坐标为 x_1，纵坐标为 $x_2=\varphi(x_1)$，仿此继续下去可得点列 $P_0(x_0, x_1)$，$P_1(x_1, x_2)$，$P_2(x_2, x_3)$，…，若点列收敛，即

$$\lim_{k\to\infty}P_k=P^*(x^*,y^*)$$

则有

$$\lim_{k\to\infty}x_k=x^*$$

即迭代法收敛，否则迭代法发散。

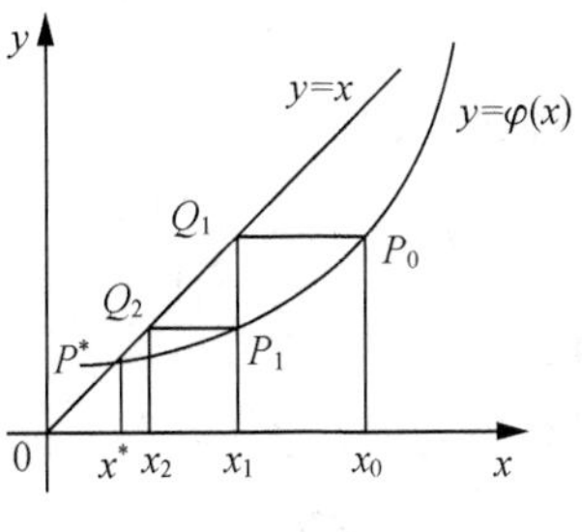

图 2-2

迭代法算法：

（1）输入初始近似值 x_0、精度要求 eps 及控制最大迭代次数 M；

（2）$1 \Rightarrow k$，$\varphi(x_0) \Rightarrow x_1$；

（3）当 $k<M$ 且 $|x_1 - x_0|$>eps 时做循环：

$$x_1 \Rightarrow x_0\text{，}\ k+1 \Rightarrow k\text{，}\ \varphi(x_0) \Rightarrow x_1$$

（4）若 $|x_1 - x_0| \leqslant$ eps，则输出 x_1；

否则输出迭代失败信息。

迭代失败可能是迭代过程发散，也可能是由于迭代收敛速度太慢，在给定的次数内达不到精度要求。

2.2.3 牛顿法

1. 牛顿法的迭代公式

牛顿法也叫切线法，是求解方程（2.1）的一种常用的迭代方法。如图 2-3 所示，曲线 $y=f(x)$与 x 轴的交点 x^* 就是方程（2.1）的根。所谓切线法就是按“以直代曲”的思想，逐次用切线代替曲线本身求与 x 轴的交点，设 x_k 是方程（2.1）的一个近似根，过点 $P_k(x_k, f(x_k))$作曲线 $y=f(x)$的切线，其方程为

$$y - f(x_k) = f'(x_k)(x - x_k)$$

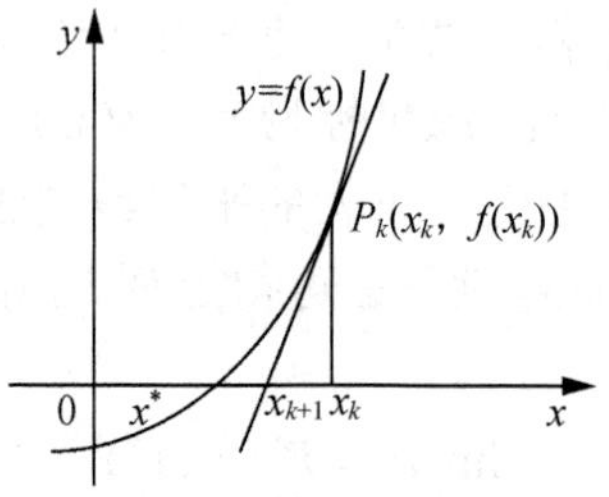

图 2-3

则该切线与 x 轴的交点为

$$x_{k+1} = x_k - \frac{f(x_k)}{f'(x_k)} \quad (k=0,1,2,\cdots) \tag{2.9}$$

这就是牛顿迭代公式，相当于迭代函数为

$$\varphi(x) = x - \frac{f(x)}{f'(x)}$$

由定理 2.1 可得下面的定理。

定理 2.2 若在根α附近 $f'(x)$不为零，$f''(x)$存在，且

$$\left|\frac{f(x)f''(x)}{[f'(x)]^2}\right| \leqslant m < 1 \tag{2.10}$$

则牛顿迭代公式（2.9）收敛，即有 $\lim\limits_{k\to\infty} x_k = \alpha$。

牛顿法的收敛性是在根的附近讨论的，因此初始近似值的选取直接影响牛顿法的收敛性，通常取足够小的隔根区间，使 $f'(x)$ 和 $f''(x)$ 在此区间内都不变号，并在该区间内取 x_0，使之满足 $f(x_0)\cdot f''(x_0)>0$，即可保证迭代序列 $\{x_k\}$ ($k=0,1,2,\cdots$)单调收敛于方程的根 α。

2. 简单迭代法与牛顿法的收敛速度

迭代过程的收敛速度就是迭代过程中迭代误差的下降速度。

定义 2.1　设由迭代公式 $x_{k+1}=\varphi(x_k)$ 产生的迭代序列 $\{x_k\}$ (k=0,1,2,$\cdots$)收敛于方程 $x=\varphi(x)$ 的根 α，记 $e_k=\alpha-x_k$，若存在实数 $p\geqslant 1$ 及非零常数 c，使得

$$\lim_{k\to\infty}\frac{e_{k+1}}{e_k^p}=c$$

则称迭代过程是 p 阶收敛的。当 p=1 时，称为线性收敛；当 p>1 时，称为超线性收敛；当 p=2 时，称为平方收敛。显然，p 越大，收敛速度越快。

（1）简单迭代法的收敛速度。

由微分中值定理可知，必存在一点 ξ_k 介于 x_k 与 α 之间，使得

$$e_{k+1}=\alpha-x_{k+1}=\varphi(\alpha)-\varphi(x_k)=\varphi'(\xi_k)(\alpha-x_k)=\varphi'(\xi_k)e_k$$

于是

$$\lim_{k\to\infty}\frac{e_{k+1}}{e_k}=\lim_{k\to\infty}\varphi'(\xi_k)=\varphi'(\alpha)$$

由此可知，简单迭代法至少是线性收敛的。

（2）牛顿法的收敛速度。

设 $f'(\alpha)\neq 0$，因为 $f(\alpha)=0$，所以一定有 $\varphi'(\alpha)=\dfrac{f(\alpha)f''(\alpha)}{[f'(\alpha)]^2}=0$。

将 $f(x)$在 x_k 点进行 Taylor 展开，存在 ξ_k，使得

$$f(x)=f(x_k)+f'(x_k)(x-x_k)+f''(\xi_k)\frac{(x-x_k)^2}{2}$$

将 $x=\alpha$ 代入 $f(x)$，得

$$0=f(\alpha)=f(x_k)+f'(x_k)(\alpha-x_k)+f''(\xi_k)\frac{(\alpha-x_k)^2}{2}$$

于是

$$\alpha=x_k-\frac{f(x_k)}{f'(x_k)}-\frac{f''(\xi_k)}{2f'(x_k)}(\alpha-x_k)^2 \tag{2.11}$$

即

$$\alpha=x_{k+1}-\frac{f''(\xi_k)}{2f'(x_k)}(\alpha-x_k)^2$$

$$e_{k+1}=-\frac{f''(\xi_k)}{2f'(x_k)}e_k^2$$

故

$$\lim_{k\to\infty}\frac{e_{k+1}}{e_k^2}=-\lim_{k\to\infty}\frac{f''(\xi_k)}{2f'(x_k)}=-\frac{f''(\alpha)}{2f'(\alpha)}$$

由此可知，牛顿法至少是平方收敛的，可见，牛顿法比简单迭代法收敛速度要快。

例 2.4　用牛顿法求 $\sqrt{2}$。

解　将求 $\sqrt{2}$ 转化为求方程 $f(x)=x^2-2=0$ 的根，则相应的牛顿迭代公式为

$$x_{k+1}=x_k-\frac{x_k^2-2}{2x_k}=\frac{1}{2}\left(x_k+\frac{2}{x_k}\right)\quad (k=0,1,2,\cdots)\tag{2.12}$$

由 $f''(x)=2>0$ 知，可选取任意大于 $\sqrt{2}$ 的数，例如，将 2 作为根的初始近似值，代入式（2.12），可得各次迭代结果，见表 2-3。

表 2-3

k	0	1	2	3	4	5
x_k	2	1.5	1.416667	1.414216	1.414214	1.414214

牛顿法算法：

（1）输入初始近似值 x_1、精度要求 eps 及控制最大迭代次数 M。

（2）$0\Rightarrow k$。

（3）做循环：

$$x_1\Rightarrow x_0,\quad k+1\Rightarrow k,\quad x_0-f(x_0)/f'(x_0)\Rightarrow x_1$$

当 $k<M$ 且 $|x_1-x_0|>$ eps 时，返回继续做循环。

（4）若 $|x_1-x_0|\leqslant$ eps，则输出 x_1；

否则输出迭代失败信息。

3. 关于 n 重根的牛顿法

如果 α 是方程 $f(x)=0$ 的单根，则 $f'(\alpha)\neq 0$，这时使用牛顿法至少是平方收敛的。若 α 为方程的重根，则 $f'(\alpha)=0$。引进函数

$$\psi(x)=\frac{f(x)}{f'(x)}$$

若 α 为方程 $f(x)=0$ 的 m 重根，则 α 为方程 $f'(x)=0$ 的 $m-1$ 重根。即 $f(x)$ 的重根 α 是方程 $\psi(x)=0$ 的单根，于是可以对 $\psi(x)$ 使用牛顿法，迭代公式为

$$x_{k+1}=x_k-\frac{\psi(x_k)}{\psi'(x_k)}\quad (k=0,1,2,\cdots)$$

此时迭代法仍至少是平方收敛的。

2.2.4　弦割法

牛顿法的收敛速度快，但在计算时涉及函数 $f(x)$ 的导数信息，使用起来不太方便。特别是当 $f(x)$ 的表达式较复杂时，尤其困难。因此，仍按照“以直代曲”的思想，用一条曲线的割线而不是切线来代替曲线时，就产生了另一种迭代法——弦割法。

如图 2-4 所示，设曲线 $y=f(x)$ 与 x 轴的交点为 x^*，设 x_{k-1} 和 x_k 是方程 $f(x)=0$ 的两个近似根，用连接曲线上两点 $P_1(x_{k-1}, f(x_{k-1}))$ 和 $P_2(x_k, f(x_k))$ 的弦，代替曲线本身求与 x 轴的交点 x_{k+1}，并将其作为下一步的近似值，这就是弦割法。

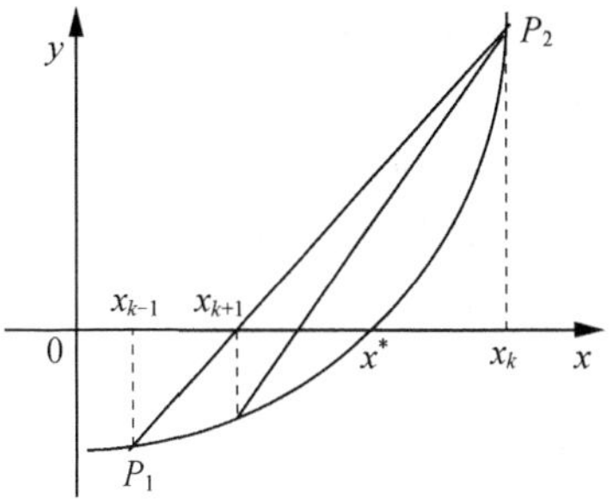

图 2-4

由点斜式可得这条弦的方程为

$$y = f(x_k) + \frac{f(x_k) - f(x_{k-1})}{x_k - x_{k-1}}(x - x_k)$$

令 $y=0$ 可求得这条弦与 x 轴的交点为

$$x_{k+1} = x_k - \frac{f(x_k)}{f(x_k) - f(x_{k-1})}(x_k - x_{k-1}) \tag{2.13}$$

这就是弦割法的迭代公式。该方法与前面介绍的方法的不同之处在于，它在进行每一步计算时都需要前两步的计算结果，自然初值也需要有两个，这种方法称为多步迭代法。相应地，计算时只需要前一步的计算结果的迭代法称为单步迭代法。

有时为简化计算，在进行迭代时固定一个端点，例如，用 $(x_0, f(x_0))$ 代替式（2.13）中的 $(x_{k-1}, f(x_{k-1}))$，便得到单点弦割法迭代公式

$$x_{k+1} = x_k - \frac{f(x_k)}{f(x_k) - f(x_0)}(x_k - x_0)$$

而称式（2.13）为双点弦割法迭代公式。相应的方法分别称为单点弦割法和双点弦割法。双点弦割法的收敛速度是超线性的，而单点弦割法只具有线性收敛速度。

双点弦割法算法：

（1）输入初始近似值 x_0 和 x_1、精度要求 eps 及控制最大迭代次数 M；

（2）$x_1 - \dfrac{f(x_1)}{f(x_1) - f(x_0)}(x_1 - x_0) \Rightarrow x_2$，$1 \Rightarrow k$；

（3）当 $k < M$ 且 $|x_1 - x_2| >$ eps 时做循环：

$$x_1 \Rightarrow x_0,\quad x_2 \Rightarrow x_1,\quad k+1 \Rightarrow k,\quad x_1 - \frac{f(x_1)}{f(x_1) - f(x_0)}(x_1 - x_0) \Rightarrow x_2$$

（4）若 $|x_1 - x_2| \leqslant$ eps，则输出 x_2；

否则输出迭代失败信息。

习　题　2

2.1　求方程 $x^4-5x^2+x+2=0$ 的实根的上、下界，实现根的隔离，并用对分法求出所有的实根，精度要求为 10^{-5}。

2.2　用对分法求出方程 $x^3-2x^2-4x-7=0$ 在区间[3,4]内的根，精度要求为 10^{-3}。

2.3　方程 $x^3-x^2-1=0$ 在 x_0=1.5 附近有根，把它写成下面四种不同的等价形式：

（1）$x=\sqrt[3]{x^2+1}$；（2）$x=\sqrt{x^3-1}$；（3）$x=\dfrac{1}{x^2-x}$；（4）$x=\dfrac{1}{\sqrt{x-1}}$。

试判别相应的各迭代公式在 x_0=1.5 附近的收敛性。

2.4　用牛顿法求下列方程的根，精度要求为 10^{-5}。

（1）$x-\mathrm{e}^{-x}=0$，取初值 x_0=1；

（2）$x^3-x^2-2x-3=0$，取初值 x_0=2；

（3）$x-\sin x=\dfrac{1}{2}$，取初值 x_0=1。

2.5　用弦割法解下列方程，精度要求为 10^{-4}。

（1）$x^3-3x^2-2x+8=0$，取初值 x_0=−2，x_1=−1.5；

（2）$x^3-2x-5=0$，取初值 x_0=2，x_1=3。

2.6　求方程 $f(x)=x^4-4x^2+4=0$ 的二重根 $\sqrt{2}$，精度要求为 10^{-5}。

2.7　证明计算 $\sqrt[3]{a}$ 的牛顿迭代公式为 $x_{n+1}=\dfrac{1}{3}\left(2x_n+\dfrac{a}{x_n^2}\right)$，并用此迭代公式计算 $\sqrt[3]{386.68}$，精度要求为 10^{-6}。

第 3 章　线性代数计算方法

本章主要讨论线性方程组的数值解法，同时介绍矩阵特征值与特征向量的计算方法。

n 阶线性方程组

$$\begin{cases} a_{11}x_1 + a_{12}x_2 + \cdots + a_{1n}x_n = b_1 \\ a_{21}x_1 + a_{22}x_2 + \cdots + a_{2n}x_n = b_2 \\ \cdots\cdots \\ a_{n1}x_1 + a_{n2}x_2 + \cdots + a_{nn}x_n = b_n \end{cases} \tag{3.1}$$

的矩阵形式为

$$\boldsymbol{Ax=b} \tag{3.2}$$

其中

$$\boldsymbol{A}=\begin{bmatrix} a_{11} & a_{12} & \cdots & a_{1n} \\ a_{21} & a_{22} & \cdots & a_{2n} \\ \vdots & \vdots & & \vdots \\ a_{n1} & a_{n2} & \cdots & a_{nn} \end{bmatrix}, \quad \boldsymbol{x}=\begin{bmatrix} x_1 \\ x_2 \\ \vdots \\ x_n \end{bmatrix}, \quad \boldsymbol{b}=\begin{bmatrix} b_1 \\ b_2 \\ \vdots \\ b_n \end{bmatrix}$$

分别称为方程组（3.2）的系数矩阵、解向量和右端向量。若 $\boldsymbol{A}$ 可逆，则方程组（3.2）存在唯一解。本章恒设该条件成立。

在第 1 章中曾经提到，克莱默（Cramer）法则只适用于方程组的阶数 n 很小的情况。因此，研究解线性方程组的数值方法就显得很重要了。线性方程组的数值解法大致可分为两类：

（1）直接法：假设计算过程中没有舍入误差，经过有限步算术运算就可求得方程组精确解的方法，称为直接法。但在实际计算中舍入误差是不可避免的，因此这种方法求得的也是近似解。直接法是解低阶稠密矩阵方程组的有效方法。

（2）迭代法：从解向量的某一组初始近似值出发，按照一个迭代公式逐步逼近精确解的方法，称为迭代法。它具有存储量小、算法简单等优点，但存在收敛性及收敛速度问题。迭代法是解大型稀疏矩阵方程组的重要方法，也常用于提高已知近似解的精度。

3.1　高斯消去法

3.1.1　三角形方程组的解法

系数矩阵为上三角阵或下三角阵的线性方程组称为三角形方程组，即

$$\begin{cases} u_{11}x_1 + u_{12}x_2 + \cdots + u_{1n}x_n = b_1 \\ \qquad\quad u_{22}x_2 + \cdots + u_{2n}x_n = b_2 \\ \qquad\qquad \cdots\cdots \\ \qquad\qquad\qquad\quad u_{nn}x_n = b_n \end{cases} \tag{3.3}$$

其矩阵形式为

$$\boldsymbol{Ux}=\boldsymbol{b} \quad (\text{当 } i>j \text{ 时，} u_{ij}=0)$$

或

$$\begin{cases} l_{11}x_1 & = b_1 \\ l_{21}x_1 + l_{22}x_2 & = b_2 \\ \quad\cdots\cdots & \\ l_{n1}x_1 + l_{n2}x_2 + \cdots + l_{nn}x_n & = b_n \end{cases} \tag{3.4}$$

其矩阵形式为

$$\boldsymbol{Lx}=\boldsymbol{b} \quad (\text{当 } i<j \text{ 时，} l_{ij}=0)$$

三角形方程组易于求解。以上三角形方程组（3.3）为例，其有且仅有一组解的充要条件是 $u_{ii}\neq 0\ (i=1,2,\cdots,n)$。从最后一个方程开始，逐次向上回代可得

$$\begin{cases} x_n = b_n/u_{nn} \\ x_{n-1} = (b_{n-1} - u_{n-1,n}x_n)/u_{n-1,n-1} \\ \quad\cdots\cdots \\ x_1 = (b_1 - u_{12}x_2 - u_{13}x_3 - \cdots - u_{1n}x_n)/u_{11} \end{cases} \tag{3.5}$$

这个过程称为回代过程。规定当 $m>n$ 时，$\sum\limits_{m}^{n}\cdots=0$，则式（3.5）可归结为

$$x_i = \left(b_i - \sum_{k=i+1}^{n} u_{ik}x_k\right)\Big/ u_{ii} \quad (i=n,n-1,\cdots,2,1) \tag{3.6}$$

对于式（3.4），类似地有

$$x_i = \left(b_i - \sum_{k=1}^{i-1} l_{ik}x_k\right)\Big/ l_{ii} \quad (i=1,2,\cdots,n-1,n)$$

3.1.2 高斯消去法

高斯消去法的基本思想是，对于一般的线性方程组，将其消元为同解的上三角形方程组，然后回代，即可得到原方程组的解。先看一个简单的例子，用以说明高斯消去法的计算过程。

例 3.1 解方程组

$$\begin{cases} x_1 + x_2 + x_3 = 6 & \text{①} \\ 2x_1 + 4x_2 - x_3 = 7 & \text{②} \\ 2x_1 - 2x_2 + x_3 = 1 & \text{③} \end{cases}$$

解 消元：

第一步：作①×(−2)+②、①×(−2)+③，得

$$\begin{cases} x_1 + x_2 + x_3 = 6 & \text{①} \\ \quad 2x_2 - 3x_3 = -5 & \text{④} \\ \quad -4x_2 - x_3 = -11 & \text{⑤} \end{cases}$$

第二步：作④×2+⑤，得到与原方程组同解的三角形方程组

$$\begin{cases} x_1 + x_2 + x_3 = 6 & \text{①} \\ \quad 2x_2 - 3x_3 = -5 & \text{④} \\ \qquad -7x_3 = -21 & \text{⑥} \end{cases}$$

回代：

由⑥得 $x_3=3$；将 x_3 的值代入④，得 $x_2=2$；将 x_2、x_3 的值代入①，得 $x_1=1$。即原方程组的解为

$$\begin{cases} x_1 = 1 \\ x_2 = 2 \\ x_3 = 3 \end{cases}$$

对于一般的 n 阶线性方程组 $\boldsymbol{Ax=b}$，即式（3.1）

$$\begin{cases} a_{11}x_1 + a_{12}x_2 + \cdots + a_{1n}x_n = b_1 \\ a_{21}x_1 + a_{22}x_2 + \cdots + a_{2n}x_n = b_2 \\ \qquad \cdots\cdots \\ a_{n1}x_1 + a_{n2}x_2 + \cdots + a_{nn}x_n = b_n \end{cases}$$

首先进行消元：

第一步（第一次消元）：

设 $a_{11}\neq 0$，令

$$l_{i1} = a_{i1} / a_{11} \ (i=2,3,\cdots,n)$$

用 $(-l_{i1})$ 乘以式（3.1）的第一个方程加到第 i 个方程上 $(i=2,3,\cdots,n)$，得到同解方程组

$$\begin{bmatrix} a_{11} & a_{12} & \cdots & a_{1n} \\ 0 & a_{22}^{(1)} & \cdots & a_{2n}^{(1)} \\ \vdots & \vdots & & \vdots \\ 0 & a_{n2}^{(1)} & \cdots & a_{nn}^{(1)} \end{bmatrix} \begin{bmatrix} x_1 \\ x_2 \\ \vdots \\ x_n \end{bmatrix} = \begin{bmatrix} b_1 \\ b_2^{(1)} \\ \vdots \\ b_n^{(1)} \end{bmatrix} \tag{3.7}$$

记为 $\boldsymbol{A}^{(1)}\boldsymbol{x}=\boldsymbol{b}^{(1)}$，其中

$$a_{ij}^{(1)} = a_{ij} - l_{i1}a_{1j} \quad (i,j=2,3,\cdots,n)$$

$$b_i^{(1)} = b_i - l_{i1}b_1 \quad (i=2,3,\cdots,n)$$

第二步（第二次消元）：

设 $a_{22}^{(1)}\neq 0$，令

$$l_{i2} = a_{i2}^{(1)} / a_{22}^{(1)} \quad (i=3,4,\cdots,n)$$

用 $(-l_{i2})$ 乘以式（3.7）的第二个方程加到第 i 个方程上 $(i=3,4,\cdots,n)$，得到同解方程组

$$\begin{bmatrix} a_{11} & a_{12} & a_{13} & \cdots & a_{1n} \\ 0 & a_{22}^{(1)} & a_{23}^{(1)} & \cdots & a_{2n}^{(1)} \\ 0 & 0 & a_{33}^{(2)} & \cdots & a_{3n}^{(2)} \\ \vdots & \vdots & \vdots & & \vdots \\ 0 & 0 & a_{n3}^{(2)} & \cdots & a_{nn}^{(2)} \end{bmatrix} \begin{bmatrix} x_1 \\ x_2 \\ x_3 \\ \vdots \\ x_n \end{bmatrix} = \begin{bmatrix} b_1 \\ b_2^{(1)} \\ b_3^{(2)} \\ \vdots \\ b_n^{(2)} \end{bmatrix}$$

记为 $\boldsymbol{A}^{(2)}\boldsymbol{x}=\boldsymbol{b}^{(2)}$，其中

$$a_{ij}^{(2)} = a_{ij}^{(1)} - l_{i2}a_{2j}^{(1)} \quad (i,j=3,4,\cdots,n)$$

$$b_i^{(2)} = b_i^{(1)} - l_{i2}b_2^{(1)} \quad (i=3,4,\cdots,n)$$

一般地，经过 k-1 次消元后，得到方程组（3.1）的同解方程组

$$\begin{bmatrix} a_{11} & a_{12} & \cdots & a_{1k} & a_{1,k+1} & \cdots & a_{1n} \\ & a_{22}^{(1)} & \cdots & a_{2k}^{(1)} & a_{2,k+1}^{(1)} & \cdots & a_{2n}^{(1)} \\ & & \ddots & \vdots & \vdots & & \vdots \\ & & & a_{kk}^{(k-1)} & a_{k,k+1}^{(k-1)} & \cdots & a_{kn}^{(k-1)} \\ & & & a_{k+1,k}^{(k-1)} & a_{k+1,k+1}^{(k-1)} & \cdots & a_{k+1,n}^{(k-1)} \\ & & & \vdots & \vdots & & \vdots \\ 0 & & & a_{nk}^{(k-1)} & a_{n,k+1}^{(k-1)} & \cdots & a_{nn}^{(k-1)} \end{bmatrix} \begin{bmatrix} x_1 \\ x_2 \\ \vdots \\ x_k \\ x_{k+1} \\ \vdots \\ x_n \end{bmatrix} = \begin{bmatrix} b_1 \\ b_2^{(1)} \\ \vdots \\ b_k^{(k-1)} \\ b_{k+1}^{(k-1)} \\ \vdots \\ b_n^{(k-1)} \end{bmatrix} \tag{3.8}$$

第 k 步（第 k 次消元）：

设 $a_{kk}^{(k-1)} \neq 0$（称 $a_{kk}^{(k-1)}$ 为主元素），令

$$l_{ik} = a_{ik}^{(k-1)} / a_{kk}^{(k-1)} \ (i=k+1,\ k+2,\cdots,\ n) \tag{3.9}$$

用$(-l_{ik})$乘以式（3.8）的第 k 个方程加到第 i 个方程上($i=k+1,\ k+2,\cdots,\ n$)，得到同解方程组

$$\begin{bmatrix} a_{11} & a_{12} & \cdots & a_{1k} & a_{1,k+1} & \cdots & a_{1n} \\ & a_{22}^{(1)} & \cdots & a_{2k}^{(1)} & a_{2,k+1}^{(1)} & \cdots & a_{2n}^{(1)} \\ & & \ddots & \vdots & \vdots & & \vdots \\ & & & a_{kk}^{(k-1)} & a_{k,k+1}^{(k-1)} & \cdots & a_{kn}^{(k-1)} \\ & & & & a_{k+1,k+1}^{(k)} & \cdots & a_{k+1,n}^{(k)} \\ & & & & \vdots & & \vdots \\ 0 & & & & a_{n,k+1}^{(k)} & \cdots & a_{nn}^{(k)} \end{bmatrix} \begin{bmatrix} x_1 \\ x_2 \\ \vdots \\ x_k \\ x_{k+1} \\ \vdots \\ x_n \end{bmatrix} = \begin{bmatrix} b_1 \\ b_2^{(1)} \\ \vdots \\ b_k^{(k-1)} \\ b_{k+1}^{(k)} \\ \vdots \\ b_n^{(k)} \end{bmatrix}$$

记为 $\boldsymbol{A}^{(k)}\boldsymbol{x}=\boldsymbol{b}^{(k)}$，其中

$$a_{ij}^{(k)} = a_{ij}^{(k-1)} - l_{ik}a_{kj}^{(k-1)} \quad (i,j=k+1,\ k+2,\cdots,n) \tag{3.10}$$

$$b_i^{(k)} = b_i^{(k-1)} - l_{ik}b_k^{(k-1)} \quad (i=k+1,\ k+2,\cdots,n) \tag{3.11}$$

如此继续下去，完成 n-1 次消元后，方程组（3.1）即化成同解的上三角形方程组

$$\begin{bmatrix} a_{11} & a_{12} & \cdots & a_{1n} \\ & a_{22}^{(1)} & \cdots & a_{2n}^{(1)} \\ & & \ddots & \vdots \\ & & & a_{nn}^{(n-1)} \end{bmatrix} \begin{bmatrix} x_1 \\ x_2 \\ \vdots \\ x_n \end{bmatrix} = \begin{bmatrix} b_1 \\ b_2^{(1)} \\ \vdots \\ b_n^{(n-1)} \end{bmatrix}$$

于是就可以进行回代，求出原方程组（3.1）的解

$$x_i = \left(b_i^{(i-1)} - \sum_{k=i+1}^{n} a_{ik}^{(i-1)} x_k \right) \Big/ a_{ii}^{(i-1)} \quad (i=n,n-1,\cdots,2,1) \tag{3.12}$$

记 $a_{ij}^{(0)} = a_{ij}\ (i,j=1,2,\cdots,n)$。易见，在上述消元过程中，每次都是顺序地选取主对角线上的元素 $a_{kk}^{(k-1)}$ 作为主元素，所以高斯消去法又称为顺序高斯消去法。

定理 3.1　线性方程组 $\boldsymbol{Ax}=\boldsymbol{b}$ 能用高斯消去法求解的充要条件是系数矩阵 $\boldsymbol{A}$ 的各阶

顺序主子式 $D_k \neq 0$ (k=1,2,…,n)，即

$$D_1 = a_{11} \neq 0$$

$$D_k = \begin{vmatrix} a_{11} & \cdots & a_{1k} \\ \vdots & & \vdots \\ a_{k1} & \cdots & a_{kk} \end{vmatrix} \neq 0 \quad (k=2,3,\cdots,n)$$

证明从略。

在计算机上实现时，常把方程组的系数矩阵及右端向量存放在一个 n 行、n+1 列的二维数组中。考虑到在消元过程中，算出 $a_{ij}^{(k)}$ 后，$a_{ij}^{(k-1)}$ 就没有保留的必要了，所以可让 $a_{ij}^{(k)}$ 仍占用 $a_{ij}^{(k-1)}$ 所在单元。另外，消元为 0 的元素就不必计算了。

高斯消去法算法：

（1）消元过程：

k=1,2,…,n−1，

　i=k+1,k+2,…,n，

　　①$l=a_{ik}/a_{kk}$；

　　②j=k+1,k+2,…,n+1，

　　　$a_{ij}-la_{kj} \Rightarrow a_{ij}$

（2）回代过程：

k=n, n−1,…,1，

$$\left(a_{k,n+1} - \sum_{j=k+1}^{n} a_{kj}x_j\right)\Big/ a_{kk} \Rightarrow x_k$$

由于计算机完成一次乘（除）法花费的时间远远多于做一次加（减）法的时间，而且按照统计规律，在一个算法中，乘除法与加减法的运算次数大体相当，所以通常用所做乘除法的次数来衡量算法的运算量。

由式（3.9）～式（3.11）可知，在第 k 次消元中，做了$(n-k)^2+2(n-k)$次乘除法运算，于是 n−1 次消元所做乘除法的次数为

$$\sum_{k=1}^{n-1}[(n-k)^2 + 2(n-k)] = \frac{n^3}{3} + \frac{n^2}{2} - \frac{5n}{6}$$

而由式（3.12）可知，回代过程所做乘除法的次数为

$$\sum_{k=1}^{n}(n-k+1) = \frac{n^2}{2} + \frac{n}{2}$$

故高斯消去法的运算量为

$$\frac{n^3}{3} + \frac{n^2}{2} - \frac{5n}{6} + \frac{n^2}{2} + \frac{n}{2} = \frac{n^3}{3} + n^2 - \frac{n}{3} \approx \frac{n^3}{3}$$

3.1.3　主元素消去法

在高斯消去法消元过程中，若出现主元素 $a_{kk}^{(k-1)}$ 等于零的情况，消去法将无法进行；若主元素 $a_{kk}^{(k-1)}$ 不等于零，但其绝对值很小，则由第 1 章的讨论可知，用它做除数将会导

致计算结果有很大误差，甚至于完全失真。

例 3.2　解线性方程组

$$\begin{cases} 0.00001x_1 + x_2 = 1.00001 & ① \\ 2x_1 + x_2 = 3 & ② \end{cases}$$

解　准确解是$(1,1)^T$。现设所用计算机为四位浮点数计算机。

（1）方程组输入计算机后成为

$$\begin{bmatrix} 0.1000\times10^{-4} & 0.1000\times10^{1} \\ 0.2000\times10^{1} & 0.1000\times10^{1} \end{bmatrix}\begin{bmatrix} x_1 \\ x_2 \end{bmatrix}=\begin{bmatrix} 0.1000\times10^{1} \\ 0.3000\times10^{1} \end{bmatrix}$$

用高斯消去法对其消元后得

$$\begin{bmatrix} 0.1000\times10^{-4} & 0.1000\times10^{1} \\ 0 & -0.2000\times10^{6} \end{bmatrix}\begin{bmatrix} x_1 \\ x_2 \end{bmatrix}=\begin{bmatrix} 0.1000\times10^{1} \\ -0.2000\times10^{6} \end{bmatrix}$$

回代得 $x_2=1$，$x_1=0$，即为$(0,1)^T$，解严重失真。

（2）若先交换方程组的两个方程①②的顺序，成为

$$\begin{bmatrix} 0.2000\times10^{1} & 0.1000\times10^{1} \\ 0.1000\times10^{-4} & 0.1000\times10^{1} \end{bmatrix}\begin{bmatrix} x_1 \\ x_2 \end{bmatrix}=\begin{bmatrix} 0.3000\times10^{1} \\ 0.1000\times10^{1} \end{bmatrix}$$

用高斯消去法对其消元后得

$$\begin{bmatrix} 0.2000\times10^{1} & 0.1000\times10^{1} \\ 0 & 0.1000\times10^{1} \end{bmatrix}\begin{bmatrix} x_1 \\ x_2 \end{bmatrix}=\begin{bmatrix} 0.3000\times10^{1} \\ 0.1000\times10^{1} \end{bmatrix}$$

回代得 $x_2=1$，$x_1=1$，即为$(1,1)^T$，得到了准确解。

为何（1）、（2）两种解法计算结果相差如此之大？原因就在于解法（1）进行消元时用了绝对值较小的主元素 $a_{11}=0.00001$ 做除数，因此带来了较大的误差；而解法（2）交换方程顺序后，用绝对值较大的主元素做除数，便具有了较好的数值稳定性。

主元素消去法的基本思想是在逐次消元时总是选绝对值最大的元素作为主元素，常用的主元素消去法有列主元素消去法和全主元素消去法。所谓列主元素消去法，简称列主元法，就是在第 k 次消元之前，在 $a_{ik}^{(k-1)}\ (i=k,k+1,\cdots,n)$中选出绝对值最大的元素，经行交换，将它置于 $a_{kk}^{(k-1)}$ 处再进行消元。所谓全主元素消去法，简称全主元法，就是在第 k 次消元之前，在 $a_{ij}^{(k-1)}\ (i, j=k,k+1,\cdots,n)$中选出绝对值最大的元素，经行交换、列交换，将它置于 $a_{kk}^{(k-1)}$ 处，再进行消元。

可以证明，只要系数矩阵非奇异，列主元法在计算过程中的舍入误差是基本能控制的，且其选主元的工作量相对较小，所以列主元法最常用。现举一例，用以说明列主元高斯消去法的计算过程。

例 3.3　用列主元高斯消去法解线性方程组

$$\begin{cases} x_1 - x_2 + x_3 = -4 \\ 3x_1 - 4x_2 + 5x_3 = -12 \\ x_1 + x_2 + 2x_3 = 11 \end{cases}$$

解　消元过程见表 3-1。

表 3-1

	x_1	x_2	x_3	右端项	说明
(1)	1	−1	1	−4	
(2)	$\boxed{3}$	−4	5	−12	在第一列上选主元 3
(3)	1	1	2	11	
(4)	$\boxed{3}$	−4	5	−12	(1) $\Leftrightarrow$ (2)
(5)	1	−1	1	−4	计算 $l_{21}=1/3\approx0.33333$
(6)	1	1	2	11	$l_{31}=1/3\approx0.33333$
(7)	3	−4	5	−12	(5) − (4) $\times l_{21}$
(8)	0	0.33332	−0.66665	0.00004	(6) − (4) $\times l_{31}$
(9)	0	$\boxed{2.33332}$	0.33335	14.99996	在第二列的子列上选主元 2.33332
(10)	3	−4	5	−12	(8) $\Leftrightarrow$ (9)
(11)	0	$\boxed{2.33332}$	0.33335	14.99996	计算 $l_{32}=0.33332/2.33332\approx0.14285$
(12)	0	0.33332	−0.66665	0.00004	
(13)	3	−4	5	−12	
(14)	0	2.33332	0.33335	14.99996	(12) − (11) $\times l_{32}$
(15)	0	0	−0.71427	−2.14270	

回代得 $\begin{cases} x_1\approx-0.99972 \\ x_2\approx\ \ 6.00002 \\ x_3\approx\ \ 2.99985 \end{cases}$ $\left(\text{精确解是}\begin{cases} x_1=-1 \\ x_2=\ \ 6 \\ x_3=\ \ 3 \end{cases}\right)$。

列主元高斯消去法算法：

（1）消元过程：

$k=1,2,\cdots,n-1$，

① 选主元（即确定 r，使得 $|a_{rk}|=\max\limits_{k\leqslant i\leqslant n}|a_{ik}|$），

$k\Rightarrow r$

$i=k+1,k+2,n$，

若 $|a_{rk}|<|a_{ik}|$ 则 $i\Rightarrow r$

② 若 $a_{rk}=0$（说明系数矩阵奇异），则输出奇异信息，然后结束。

③ 若 $r\neq k$，则交换增广矩阵的第 k 行和第 r 行

$j=k,k+1,\cdots,n+1$，

$a_{kj}\Leftrightarrow a_{rj}$

④ $i=k+1,k+2,\cdots,n$

$l=a_{ik}/a_{kk}$，

$j=k+1,k+2,\cdots,n+1$，

$a_{ij}-la_{kj}\Rightarrow a_{ij}$

（2）回代过程：

$k=n,n-1,\cdots,1$，

$$\left(a_{k,n+1}-\sum_{j=k+1}^{n}a_{kj}x_j\right)\Big/a_{kk}\Rightarrow x_k$$

列主元高斯消去法在高斯消去法的基础上增加了选主元及行交换的操作，而运算次数并无改变，故其运算量仍约为$\dfrac{n^3}{3}$。

直接法在计算过程中不可避免地存在舍入误差，所以应对所求解进行偏差校验，即将$x_1, x_2, \cdots, x_n$代回原方程组。

$E_i = \left| b_i - \sum_{j=1}^{n} a_{ij} x_j \right|$ $(i=1,2,\cdots,n)$ 称为第 i 个方程的偏差，$E = \max\limits_{1\leqslant i\leqslant n} E_i$ 称为方程的最大偏差，用以校验解的可靠性。

3.1.4 用列主元高斯消去法求行列式值

列主元高斯消去法实际上就是对矩阵进行了两种初等变换，一种是对换两行的位置，另一种是将某行元素乘以同一数后加到另一行对应元素上，前者使行列式值变号，而后者不改变行列式值。系数矩阵经消元后成为一上三角阵，而三角阵的行列式值等于其主对角线元素之积，故可用列主元高斯消去法求行列式的值。下面通过一个例子来说明其求解过程。

例 3.4 求$|A| = \begin{vmatrix} 1 & -1 & 1 \\ 3 & -4 & 5 \\ 1 & 1 & 2 \end{vmatrix}$的值。

解

$$\begin{bmatrix} 1 & -1 & 1 \\ 3 & -4 & 5 \\ 1 & 1 & 2 \end{bmatrix} \xrightarrow[\text{①}\leftrightarrow\text{②}]{\text{选主元}} \begin{bmatrix} 3 & -4 & 5 \\ 1 & -1 & 1 \\ 1 & 1 & 2 \end{bmatrix} \begin{matrix} \square-\square\times 0.33333 \\ \longrightarrow \\ \square-\square\times 0.33333 \end{matrix} \begin{bmatrix} 3 & -4 & 5 \\ 0 & 0.33332 & -0.66665 \\ 0 & 2.33332 & 0.33335 \end{bmatrix}$$

$$\xrightarrow[\text{②}\leftrightarrow\text{③}]{\text{选主元}} \begin{bmatrix} 3 & -4 & 5 \\ 0 & 2.33332 & 0.33335 \\ 0 & 0.33332 & -0.66665 \end{bmatrix} \xrightarrow{\square-\square\times 0.14285} \begin{bmatrix} 3 & -4 & 5 \\ 0 & 2.33332 & 0.33335 \\ 0 & 0 & -0.71427 \end{bmatrix}$$

于是$|A| = (-1)^2 \times (3) \times (2.33332) \times (-0.71427) \approx -4.99986$（进行了两次行交换，故乘以$(-1)^2$）。

易见，在用列主元高斯消去法消元过程中就可把系数矩阵行列式的值同时求出来。程序中在进入消元之前，将系数矩阵行列式值的初值 d 赋为 1；在消元过程中，每进行一次行交换，便将$-d$ 赋给 d；消元结束后，将 d 与主对角线元素 $a_{ii}(i=1,2,\cdots,n)$累乘即可得到系数矩阵行列式的值。

3.2 高斯-约当消去法

3.2.1 高斯-约当消去法的计算

高斯-约当消去法是高斯消去法的一种变形。高斯消去法将对角线下方的元素消元为 0，若同时将对角线上方的元素也消元为 0，且将对角元皆化为 1，即将方程组（3.1）化成如下对角形方程组

$$\begin{bmatrix} 1 & & & \\ & 1 & & \\ & & \ddots & \\ & & & 1 \end{bmatrix}\begin{bmatrix} x_1 \\ x_2 \\ \vdots \\ x_n \end{bmatrix}=\begin{bmatrix} c_1 \\ c_2 \\ \vdots \\ c_n \end{bmatrix}$$

则无须回代就可得到方程组（3.1）的解

$$\begin{bmatrix} x_1 \\ x_2 \\ \vdots \\ x_n \end{bmatrix}=\begin{bmatrix} c_1 \\ c_2 \\ \vdots \\ c_n \end{bmatrix}$$

这种消去法称为高斯-约当（Gauss-Jordan）消去法，也称为无回代的高斯消去法。

在实际计算中，常采用列主元高斯-约当消去法。下面用一个例子来说明该方法的计算过程。

例 3.5　用列主元高斯-约当消去法解线性方程组

$$\begin{cases} x_1 - x_2 + x_3 = -4 \\ 3x_1 - 4x_2 + 5x_3 = -12 \\ x_1 + x_2 + 2x_3 = 11 \end{cases}$$

解
$$\begin{bmatrix} 1 & -1 & 1 & -4 \\ 3 & -4 & 5 & -12 \\ 1 & 1 & 2 & 11 \end{bmatrix} \xrightarrow[\text{①}\leftrightarrow\text{②}]{\text{选主元}3} \begin{bmatrix} 3 & -4 & 5 & -12 \\ 1 & -1 & 1 & -4 \\ 1 & 1 & 2 & 11 \end{bmatrix}$$

$$\xrightarrow{\text{将主元 3 化为 1}} \begin{bmatrix} 1 & -1.33333 & 1.66667 & -4 \\ 1 & -1 & 1 & -4 \\ 1 & 1 & 2 & 11 \end{bmatrix}$$

$$\xrightarrow[\text{③}-\text{①}]{\text{②}-\text{①}} \begin{bmatrix} 1 & -1.33333 & 1.66667 & -4 \\ 0 & 0.33333 & -0.66667 & 0 \\ 0 & 2.33333 & 0.33333 & 15 \end{bmatrix}$$

$$\xrightarrow[\text{②}\leftrightarrow\text{③}]{\text{选主元 }2.33333} \begin{bmatrix} 1 & -1.33333 & 1.66667 & -4 \\ 0 & 2.33333 & 0.33333 & 15 \\ 0 & 0.33333 & -0.66667 & 0 \end{bmatrix}$$

$$\xrightarrow{\text{将主元 2.33333 化为 1}} \begin{bmatrix} 1 & -1.33333 & 1.66667 & -4 \\ 0 & 1 & 0.14286 & 6.42858 \\ 0 & 0.33333 & -0.66667 & 0 \end{bmatrix}$$

$$\xrightarrow[\text{③}-0.33333\times\text{②}]{\text{①}+1.33333\times\text{②}} \begin{bmatrix} 1 & 0 & 1.85715 & 4.57142 \\ 0 & 1 & 0.14286 & 6.42858 \\ 0 & 0 & 0.71429 & -2.14284 \end{bmatrix}$$

$$\xrightarrow{\text{将主元 0.71429 化为 1}} \begin{bmatrix} 1 & 0 & 1.85715 & 4.57142 \\ 0 & 1 & 0.14286 & 6.42858 \\ 0 & 0 & 1 & 3.00000 \end{bmatrix}$$

$$\xrightarrow[\text{②}-0.14286\times\text{③}]{\text{①}-1.85715\times\text{③}} \begin{bmatrix} 1 & 0 & 0 & -1.00003 \\ 0 & 1 & 0 & 6.00000 \\ 0 & 0 & 1 & 3.00000 \end{bmatrix}$$

于是解为$\begin{cases} x_1 = -1.00003 \\ x_2 = \ \ 6.00000 \\ x_3 = \ \ 3.00000 \end{cases}$ $\left(精确解是\begin{cases} x_1 = -1 \\ x_2 = \ \ 6 \\ x_3 = \ \ 3 \end{cases} \right)$。

列主元高斯-约当消去法算法（存储情况与高斯消去法类似）：

对 k=1,2,⋯,n，有

（1）按列选主元，即确定 r 使$|a_{rk}| = \max\limits_{k\leqslant i\leqslant n}|a_{ik}|$。

（2）若 $a_{rk}=0$（说明系数矩阵奇异），则输出奇异信息，然后结束。

（3）若 $r\neq k$，则交换增广矩阵的第 k 行和第 r 行，

$j=k, k+1,\cdots, n+1$

$$a_{kj} \Leftrightarrow a_{rj}$$

（4）将主元 a_{kk} 化为 1

$j= k+1, k+2,\cdots,n+1$

$$a_{kj}/a_{kk} \Rightarrow a_{kj}$$

（5）消元。

i=1, 2,⋯,n

若 $i\neq k$，则 $j=k+1, k+2,\cdots, n+1$

$$a_{ij}-a_{ik}\,a_{kj} \Rightarrow a_{ij}$$

算法完成后，增广矩阵的第 n+1 列即为原方程组的解。

可以看出，高斯-约当消去法的消元过程比高斯消去法略复杂，但省去了回代过程。它的运算量约为$\dfrac{n^3}{2}$，大于高斯消去法。因此，用其求解线性方程组不见得最好，不过用它求逆矩阵却有方便之处。

3.2.2　逆矩阵的计算

用列主元高斯-约当消去法求矩阵的逆，实际上就是线性代数中学过的用初等变换法求逆的一种规范化算法。下面通过一个例子来说明其计算过程。

例 3.6　求 $A=\begin{bmatrix} 1 & -1 & 0 \\ 2 & 2 & 3 \\ -1 & 2 & 1 \end{bmatrix}$ 的逆矩阵。

解 $\begin{bmatrix} 1 & -1 & 0 & 1 & 0 & 0 \\ 2 & 2 & 3 & 0 & 1 & 0 \\ -1 & 2 & 1 & 0 & 0 & 1 \end{bmatrix} \xrightarrow[\text{①}\leftrightarrow\text{②}]{\text{选主元}} \begin{bmatrix} 2 & 2 & 3 & 0 & 1 & 0 \\ 1 & -1 & 0 & 1 & 0 & 0 \\ -1 & 2 & 1 & 0 & 0 & 1 \end{bmatrix} \xrightarrow{\text{①}/2}$

$\begin{bmatrix} 1 & 1 & 1.5 & 0 & 0.5 & 0 \\ 1 & -1 & 0 & 1 & 0 & 0 \\ -1 & 2 & 1 & 0 & 0 & 1 \end{bmatrix} \xrightarrow[\text{③+①}]{\text{②−①}} \begin{bmatrix} 1 & 1 & 1.5 & 0 & 0.5 & 0 \\ 0 & -2 & -1.5 & 1 & -0.5 & 0 \\ 0 & 3 & 2.5 & 0 & 0.5 & 1 \end{bmatrix} \xrightarrow[\text{②}\leftrightarrow\text{③}]{\text{选主元 3}}$

$\begin{bmatrix} 1 & 1 & 1.5 & 0 & 0.5 & 0 \\ 0 & 3 & 2.5 & 0 & 0.5 & 1 \\ 0 & -2 & -1.5 & 1 & -0.5 & 0 \end{bmatrix} \xrightarrow{\text{②}/3} \begin{bmatrix} 1 & 1 & 1.5 & 0 & 0.5 & 0 \\ 0 & 1 & 0.83333 & 0 & 0.16667 & 0.33333 \\ 0 & -2 & -1.5 & 1 & -0.5 & 0 \end{bmatrix}$

$\xrightarrow[\text{③}+2\times\text{②}]{\text{①−②}} \begin{bmatrix} 1 & 0 & 0.66667 & 0 & 0.33333 & -0.33333 \\ 0 & 1 & 0.83333 & 0 & 0.16667 & 0.33333 \\ 0 & 0 & 0.16666 & 1 & -0.16666 & 0.66666 \end{bmatrix} \xrightarrow{\text{③}/0.16666}$

$\begin{bmatrix} 1 & 0 & 0.66667 & 0 & 0.33333 & -0.33333 \\ 0 & 1 & 0.83333 & 0 & 0.16667 & 0.33333 \\ 0 & 0 & 1 & 6.00024 & -1 & 4.00012 \end{bmatrix} \xrightarrow[\text{②}-0.83333\times\text{③}]{\text{①}-0.66667\times\text{③}}$

$\begin{bmatrix} 1 & 0 & 0 & -4.00018 & 1 & -3.00009 \\ 0 & 1 & 0 & -5.00018 & 1 & -3.00009 \\ 0 & 0 & 1 & 6.00024 & -1 & 4.00012 \end{bmatrix}$

故 $\boldsymbol{A}^{-1} = \begin{bmatrix} -4.00018 & 1 & -3.00009 \\ -5.00018 & 1 & -3.00009 \\ 6.00024 & -1 & 4.00012 \end{bmatrix}$。

用列主元高斯-约当消去法求逆矩阵算法：

用一个 $n\times 2n$ 的二维数组进行存储，前 n 列赋值为原方阵，后 n 列赋值为 n 阶单位阵。

当 k=1, 2 ,⋯, n 时，有

（1）按列选主元，即确定 r 使 $|a_{rk}| = \max\limits_{k\leqslant i\leqslant n}|a_{ik}|$。

（2）$a_{rk}=0$（说明系数矩阵奇异），则输出奇异信息，然后结束。

（3）若 $r\neq k$，则交换增广矩阵的第 k 行和第 r 行，

$j=k, k+1,\cdots,2n$，

$$a_{kj} \Leftrightarrow a_{rj}$$

（4）将主元 a_{kk} 化为 1，

$j= k+1, k+2,\cdots,2n$，

$$a_{kj}/a_{kk} \Rightarrow a_{kj}$$

（5）消元。

$i=1,2,\cdots,n$，

若 $i\neq k$，则 $j=k+1, k+2,\cdots,2n$，

$$a_{ij}-a_{ik}a_{kj} \Rightarrow a_{ij}$$

算法完成后，增广矩阵的后 n 列即为所求逆矩阵。

3.3　矩阵的 LU 分解

3.3.1　高斯消去法与矩阵的 LU 分解

高斯消去法的消元过程也可以用矩阵乘法实现。设有 $l_{ik}\,(k=1,2,\cdots,n;\ i=k+1,k+2,\cdots,n)$，令

$$
\boldsymbol{L}_1=\begin{bmatrix}
1 & & & & & \\
-l_{21} & 1 & & & & \\
-l_{31} & 0 & 1 & & & \\
\vdots & \vdots & \vdots & \ddots & & \\
-l_{n-1,1} & 0 & 0 & \cdots & 1 & \\
-l_{n1} & 0 & 0 & \cdots & 0 & 1
\end{bmatrix}
$$

则消元的第一步相当于用 $\boldsymbol{L}_1$ 左乘 $\boldsymbol{A}$，即

$$
\boldsymbol{A}^{(1)}=\boldsymbol{L}_1\boldsymbol{A},\quad \boldsymbol{b}^{(1)}=\boldsymbol{L}_1\boldsymbol{b}
$$

令

$$
\boldsymbol{L}_2=\begin{bmatrix}
1 & & & & & \\
0 & 1 & & & & \\
0 & -l_{32} & 1 & & & \\
\vdots & \vdots & \vdots & \ddots & & \\
0 & -l_{n-1,2} & 0 & \cdots & 1 & \\
0 & -l_{n2} & 0 & \cdots & 0 & 1
\end{bmatrix}
$$

则消元的第二步相当于用 $\boldsymbol{L}_2$ 左乘 $\boldsymbol{A}^{(1)}$，即

$$
\boldsymbol{A}^{(2)}=\boldsymbol{L}_2\boldsymbol{A}^{(1)}=\boldsymbol{L}_2\boldsymbol{L}_1\boldsymbol{A},\quad \boldsymbol{b}^{(2)}=\boldsymbol{L}_2\boldsymbol{b}^{(1)}=\boldsymbol{L}_2\boldsymbol{L}_1\boldsymbol{b}
$$

一般地，令

$$
\boldsymbol{L}_k=\begin{bmatrix}
1 & & & & & & \\
\vdots & \ddots & & & & & \\
0 & \cdots & 1 & & & & \\
0 & \cdots & -l_{k+1,k} & 1 & & & \\
\vdots & & \vdots & \vdots & \ddots & & \\
0 & \cdots & -l_{nk} & 0 & \cdots & 1
\end{bmatrix}
$$

则消元的第 k 步相当于用 $\boldsymbol{L}_k$ 左乘 $\boldsymbol{A}^{(k-1)}$，即

$$
\boldsymbol{A}^{(k)}=\boldsymbol{L}_k\boldsymbol{A}^{(k-1)}=\boldsymbol{L}_k\boldsymbol{L}_{k-1}\cdots\boldsymbol{L}_1\boldsymbol{A},\quad \boldsymbol{b}^{(k)}=\boldsymbol{L}_k\boldsymbol{b}^{(k-1)}=\boldsymbol{L}_k\boldsymbol{L}_{k-1}\cdots\boldsymbol{L}_1\boldsymbol{b}
$$

依此下去，令

$$
\boldsymbol{L}_{n-1}=\begin{bmatrix}1 & & & & \\ \vdots & \ddots & & & \\ 0 & \cdots & 1 & & \\ 0 & \cdots & 0 & 1 & \\ 0 & \cdots & 0 & -l_{n,n-1} & 1\end{bmatrix}
$$

则消元的第 $n-1$ 步相当于用 $\boldsymbol{L}_{n-1}$ 左乘 $\boldsymbol{A}^{(n-2)}$，即

$$
\boldsymbol{A}^{(n-1)}=\boldsymbol{L}_{n-1}\boldsymbol{A}^{(n-2)}=\boldsymbol{L}_{n-1}\boldsymbol{L}_{n-2}\cdots\boldsymbol{L}_1\boldsymbol{A},\quad \boldsymbol{b}^{(n-1)}=\boldsymbol{L}_{n-1}\boldsymbol{b}^{(n-2)}=\boldsymbol{L}_{n-1}\boldsymbol{L}_{n-2}\cdots\boldsymbol{L}_1\boldsymbol{b}
$$

记 $\boldsymbol{U}=\boldsymbol{A}^{(n-1)}$，可知 $\boldsymbol{U}$ 是一个上三角阵，且有

$$
\boldsymbol{L}_{n-1}\boldsymbol{L}_{n-2}\cdots\boldsymbol{L}_2\boldsymbol{L}_1\boldsymbol{A}=\boldsymbol{U}
$$

易证 $\boldsymbol{L}_k\,(k=1,2,\cdots,n-1)$ 皆可逆，且

$$
\boldsymbol{L}_k^{-1}=\begin{bmatrix}1 & & & & & \\ \vdots & \ddots & & & & \\ 0 & \cdots & 1 & & & \\ 0 & \cdots & l_{k+1,k} & 1 & & \\ \vdots & & \vdots & \vdots & \ddots & \\ 0 & \cdots & l_{nk} & 0 & \cdots & 1\end{bmatrix}
$$

故

$$
\boldsymbol{A}=\boldsymbol{L}_1^{-1}\boldsymbol{L}_2^{-1}\cdots\boldsymbol{L}_{n-1}^{-1}\boldsymbol{U}
$$

记 $\boldsymbol{L}=\boldsymbol{L}_1^{-1}\boldsymbol{L}_2^{-1}\cdots\boldsymbol{L}_{n-1}^{-1}$，则有

$$
\boldsymbol{A}=\boldsymbol{L}\boldsymbol{U} \tag{3.13}
$$

称为矩阵 $\boldsymbol{A}$ 的 $\boldsymbol{LU}$ 分解。其中

$$
\boldsymbol{L}=\begin{bmatrix}1 & & & & & \\ l_{21} & 1 & & & & \\ l_{31} & l_{32} & 1 & & & \\ \vdots & \vdots & \vdots & \ddots & & \\ l_{n-1,1} & l_{n-1,2} & l_{n-1,3} & \cdots & 1 & \\ l_{n1} & l_{n2} & l_{n3} & \cdots & l_{n,n-1} & 1\end{bmatrix} \tag{3.14}
$$

是一个单位下三角阵。

由以上推导过程及定理 3.1 可得下面的定理。

定理 3.2　设 n 阶矩阵 $\boldsymbol{A}$ 的各阶顺序主子式均不为零，则 $\boldsymbol{A}$ 的 $\boldsymbol{LU}$ 分解（3.13）存在且唯一。

3.3.2　直接 *LU* 分解

当矩阵 $\boldsymbol{A}$ 的各阶顺序主子式均不为零时，$\boldsymbol{A}$ 的 $\boldsymbol{LU}$ 分解可以由高斯消去法的消元过程导出，也可以根据矩阵乘法公式直接得到。设 $\boldsymbol{A}=\boldsymbol{LU}$，其中 $\boldsymbol{L}$ 为式（3.14）所定义，

$$\boldsymbol{U}=\begin{bmatrix} u_{11} & u_{12} & \cdots & u_{1,n-1} & u_{1n} \\ & u_{22} & \cdots & u_{2,n-1} & u_{2n} \\ & & \ddots & \vdots & \vdots \\ & & & u_{n-1,n-1} & u_{n-1,n} \\ & & & & u_{nn} \end{bmatrix}$$

于是由矩阵乘法公式有

$$a_{1j}=u_{1j} \quad (j=1,2,\cdots,n)$$
$$a_{i1}=l_{i1}u_{11} \quad (i=2,3,\cdots,n)$$

由此可推出

$$u_{1j}=a_{1j} \quad (j=1,2,\cdots,n)$$
$$l_{i1}=a_{i1}/u_{11} \quad (i=2,3,\cdots,n)$$

这样便定出了 $\boldsymbol{U}$ 的第一行元素和 $\boldsymbol{L}$ 的第一列元素。

设已定出 $\boldsymbol{U}$ 的前 $k-1$ 行和 $\boldsymbol{L}$ 的前 $k-1$ 列，由矩阵乘法公式有

$$a_{kj}=\sum_{r=1}^{n} l_{kr}u_{rj}$$

当 $r>k$ 时，$l_{kr}=0$，且 $l_{kk}=1$，于是

$$a_{kj}=\sum_{r=1}^{k-1} l_{kr}u_{rj}+u_{kj}$$

故有

$$u_{kj}=a_{kj}-\sum_{r=1}^{k-1} l_{kr}u_{rj} \quad (j=k,k+1,\cdots,n)$$

由此可算出 $\boldsymbol{U}$ 的第 k 行。

同理可推出 $\boldsymbol{L}$ 的第 k 列的计算公式：

$$l_{ik}=\left(a_{ik}-\sum_{r=1}^{k-1} l_{ir}u_{rk}\right)\Big/u_{kk} \quad (i=k+1,k+2,\cdots,n)$$

因此，按照 $\boldsymbol{U}$ 的第一行、$\boldsymbol{L}$ 的第一列、$\boldsymbol{U}$ 的第二行、$\boldsymbol{L}$ 的第二列、…、$\boldsymbol{U}$ 的第 $n-1$ 行、$\boldsymbol{L}$ 的第 $n-1$ 列、$\boldsymbol{U}$ 的第 n 行的顺序即可算出 $\boldsymbol{L}$ 和 $\boldsymbol{U}$。于是线性方程组 $\boldsymbol{Ax=b}$ 即为

$$\boldsymbol{LUx=b}$$

令 $\boldsymbol{Ux=y}$，则有

$$\boldsymbol{Ly=b}$$

这是一个下三角形方程组，其解为

$$y_i=b_i-\sum_{j=1}^{i-1} l_{ij}y_j \quad (i=1,2,\cdots,n)$$

然后再求解上三角形方程组

$$\boldsymbol{Ux=y}$$

即可得到原方程组的解

$$x_i=\left(y_i-\sum_{j=i+1}^{n} u_{ij}x_j\right)\Big/u_{ii} \quad (i=n,n-1,\cdots,1)$$

这种利用矩阵 $\boldsymbol{A}$ 的 $\boldsymbol{LU}$ 分解来求解线性方程组 $\boldsymbol{Ax=b}$ 的方法称为 $\boldsymbol{LU}$ 分解法。

例 3.7 用 $\boldsymbol{LU}$ 分解法求解线性方程组

$$\begin{bmatrix} 5 & 7 & 9 & 10 \\ 6 & 8 & 10 & 9 \\ 7 & 10 & 8 & 7 \\ 5 & 7 & 6 & 5 \end{bmatrix} \begin{bmatrix} x_1 \\ x_2 \\ x_3 \\ x_4 \end{bmatrix} = \begin{bmatrix} 31 \\ 33 \\ 32 \\ 23 \end{bmatrix}$$

解 （1）对系数矩阵 $\boldsymbol{A}$ 作 $\boldsymbol{LU}$ 分解。

先求 $\boldsymbol{U}$ 的第一行、$\boldsymbol{L}$ 的第一列。由

$$u_{1j}=a_{1j} \quad (j=1,2,3,4)$$

可得

$$u_{11}=5，u_{12}=7，u_{13}=9，u_{14}=10$$

由 $l_{i1}=a_{i1}/u_{11}\ (i=2,3,4)$可得

$$l_{21}=a_{21}/u_{11}=6/5=1.2$$
$$l_{31}=a_{31}/u_{11}=7/5=1.4$$
$$l_{41}=a_{41}/u_{11}=5/5=1$$

再求 $\boldsymbol{U}$ 的第二行、$\boldsymbol{L}$ 的第二列。由

$$u_{2j}=a_{2j}-\sum_{r=1}^{2-1} l_{2r}u_{rj}=a_{2j}-l_{21}u_{1j} \quad (j=2,3,4)$$

可得

$$u_{22}=a_{22}-l_{21}u_{12}=8-1.2\times7=-0.4$$
$$u_{23}=a_{23}-l_{21}u_{13}=10-1.2\times9=-0.8$$
$$u_{24}=a_{24}-l_{21}u_{14}=9-1.2\times10=-3$$

由 $l_{i2}=\left(a_{i2}-\sum_{r=1}^{2-1} l_{ir}u_{r2}\right)\Big/u_{22}=(a_{i2}-l_{i1}u_{12})/u_{22}\ (i=3,4)$可得

$$l_{32}=(a_{32}-l_{31}u_{12})/u_{22}=(10-1.4\times7)/(-0.4)=-0.5$$
$$l_{42}=(a_{42}-l_{41}u_{12})/u_{22}=(7-1\times7)/(-0.4)=0$$

然后求 $\boldsymbol{U}$ 的第三行、$\boldsymbol{L}$ 的第三列。由

$$u_{3j}=a_{3j}-\sum_{r=1}^{3-1} l_{3r}u_{rj}=a_{3j}-l_{31}u_{1j}-l_{32}u_{2j} \quad (j=3,4)$$

可得

$$u_{33}=a_{33}-l_{31}u_{13}-l_{32}u_{23}=8-1.4\times9-(-0.5)\times(-0.8)=-5$$
$$u_{34}=a_{34}-l_{31}u_{14}-l_{32}u_{24}=7-1.4\times10-(-0.5)\times(-3)=-8.5$$

由 $l_{i3}=\left(a_{i3}-\sum_{r=1}^{3-1} l_{ir}u_{r3}\right)\Big/u_{33}=(a_{i3}-l_{i1}u_{13}-l_{i2}u_{23})/u_{33}\ (i=4)$可得

$$l_{43}=(a_{43}-l_{41}u_{13}-l_{42}u_{23})/u_{33}=(6-1\times9-0\times(-0.8))/(-5)=0.6$$

最后求 $\boldsymbol{U}$ 的第四行。由

$$u_{4j}=a_{4j}-\sum_{r=1}^{4-1} l_{4r}u_{rj}=a_{4j}-l_{41}u_{1j}-l_{42}u_{2j}-l_{43}u_{3j} \quad (j=4)$$

可得

$$u_{44}=a_{44}-l_{41}u_{14}-l_{42}u_{24}-l_{43}u_{34}=5-1\times10-0\times(-3)-0.6\times(-8.5)=0.1$$

于是有

$$\boldsymbol{L}=\begin{bmatrix}1 & & & \\ 1.2 & 1 & & \\ 1.4 & -0.5 & 1 & \\ 1 & 0 & 0.6 & 1\end{bmatrix}$$

$$\boldsymbol{U}=\begin{bmatrix}5 & 7 & 9 & 10 \\ & -0.4 & -0.8 & -3 \\ & & -5 & -8.5 \\ & & & 0.1\end{bmatrix}$$

（2）求解 $\boldsymbol{Ly=b}$，即

$$\begin{bmatrix}1 & & & \\ 1.2 & 1 & & \\ 1.4 & -0.5 & 1 & \\ 1 & 0 & 0.6 & 1\end{bmatrix}\begin{bmatrix}y_1\\ y_2\\ y_3\\ y_4\end{bmatrix}=\begin{bmatrix}31\\ 33\\ 32\\ 23\end{bmatrix}$$

可得

$$\boldsymbol{y}=[31,-4.2,-13.5,0.1]^{\mathrm{T}}$$

（3）求解 $\boldsymbol{Ux=y}$，即

$$\begin{bmatrix}5 & 7 & 9 & 10 \\ & -0.4 & -0.8 & -3 \\ & & -5 & -8.5 \\ & & & 0.1\end{bmatrix}\begin{bmatrix}x_1\\ x_2\\ x_3\\ x_4\end{bmatrix}=\begin{bmatrix}31\\ -4.2\\ -13.5\\ 0.1\end{bmatrix}$$

可得原方程组的解是

$$\boldsymbol{x}=[1,1,1,1]^{\mathrm{T}}$$

***LU* 分解法算法：**

（1）矩阵分解 $\boldsymbol{A=LU}$。

$k=1,2,\cdots,n$，

① $j=k,k+1,\cdots,n$，

$$a_{kj}-\sum_{r=1}^{k-1}l_{kr}u_{rj}\Rightarrow u_{kj}$$

② $i=k+1,k+2,\cdots,n$，

$$\left(a_{ik}-\sum_{r=1}^{k-1}l_{ir}u_{rk}\right)\Big/u_{kk}\Rightarrow l_{ik}$$

（2）解 $\boldsymbol{Ly=b}$。

$i=1,2,\cdots,n$，

$$b_i-\sum_{k=1}^{i-1}l_{ik}y_k\Rightarrow y_i$$

（3）解 $\boldsymbol{Ux=y}$。

$i=n,n-1,\cdots,1$，

$$\left(y_i-\sum_{k=i+1}^{n}u_{ik}x_k\right)\Big/u_{ii}\Rightarrow x_i$$

若需节省存储单元，也可将 $\boldsymbol{L}$ 存于原系数矩阵下三角中（对角元 1 不存），将 $\boldsymbol{U}$ 存于原系数矩阵上三角中。

3.4　追　赶　法

三对角形方程组在很多问题中都会遇到，如三次样条插值、常微分方程的边值问题等都可归结为求解系数矩阵为对角占优的三对角形方程组

$$\begin{bmatrix} b_1 & c_1 & & & & \\ a_2 & b_2 & c_2 & & & \\ & a_3 & b_3 & c_3 & & \\ & & \ddots & \ddots & \ddots & \\ & & & a_{n-1} & b_{n-1} & c_{n-1} \\ & & & & a_n & b_n \end{bmatrix}\begin{bmatrix} x_1 \\ x_2 \\ x_3 \\ \vdots \\ x_{n-1} \\ x_n \end{bmatrix}=\begin{bmatrix} d_1 \\ d_2 \\ d_3 \\ \vdots \\ d_{n-1} \\ d_n \end{bmatrix} \tag{3.15}$$

其系数矩阵除主对角线和相邻的两条次对角线外，其他元素均为 0，且满足如下的对角占优条件：

（1）$|b_1|>|c_1|>0,|b_n|>|a_n|>0$；

（2）$|b_i|\geqslant|a_i|+|c_i|,\ a_ic_i\neq0$，$i=2,3,\cdots,n-1$。

现在介绍一种专用于求解满足上述条件的三对角形方程组的方法——追赶法。

首先进行消元：

第一步（第一次消元）：

将式（3.15）的第一个方程除以 b_1，则得同解方程组

$$\begin{bmatrix} 1 & \frac{c_1}{b_1} & & & & \\ a_2 & b_2 & c_2 & & & \\ & a_3 & b_3 & c_3 & & \\ & & \ddots & \ddots & \ddots & \\ & & & a_{n-1} & b_{n-1} & c_{n-1} \\ & & & & a_n & b_n \end{bmatrix}\begin{bmatrix} x_1 \\ x_2 \\ x_3 \\ \vdots \\ x_{n-1} \\ x_n \end{bmatrix}=\begin{bmatrix} \frac{d_1}{b_1} \\ d_2 \\ d_3 \\ \vdots \\ d_{n-1} \\ d_n \end{bmatrix} \tag{3.16}$$

令 $q_1=\dfrac{c_1}{b_1}$，$p_1=\dfrac{d_1}{b_1}$，于是式（3.16）即为

$$\begin{bmatrix} 1 & q_1 & & & & \\ a_2 & b_2 & c_2 & & & \\ & a_3 & b_3 & c_3 & & \\ & & \ddots & \ddots & \ddots & \\ & & & a_{n-1} & b_{n-1} & c_{n-1} \\ & & & & a_n & b_n \end{bmatrix} \begin{bmatrix} x_1 \\ x_2 \\ x_3 \\ \vdots \\ x_{n-1} \\ x_n \end{bmatrix} = \begin{bmatrix} p_1 \\ d_2 \\ d_3 \\ \vdots \\ d_{n-1} \\ d_n \end{bmatrix} \tag{3.17}$$

将式（3.17）中的第一个方程乘以$(-a_2)$加到第二个方程上，得

$$\begin{bmatrix} 1 & q_1 & & & & \\ 0 & b_2 - a_2 q_1 & c_2 & & & \\ & a_3 & b_3 & c_3 & & \\ & & \ddots & \ddots & \ddots & \\ & & & a_{n-1} & b_{n-1} & c_{n-1} \\ & & & & a_n & b_n \end{bmatrix} \begin{bmatrix} x_1 \\ x_2 \\ x_3 \\ \vdots \\ x_{n-1} \\ x_n \end{bmatrix} = \begin{bmatrix} p_1 \\ d_2 - a_2 p_1 \\ d_3 \\ \vdots \\ d_{n-1} \\ d_n \end{bmatrix} \tag{3.18}$$

第二步（第二次消元）：

将式（3.18）的第二个方程除以 $b_2-a_2q_1$，得

$$\begin{bmatrix} 1 & q_1 & & & & \\ 0 & 1 & \dfrac{c_2}{b_2 - a_2 q_1} & & & \\ & a_3 & b_3 & c_3 & & \\ & & \ddots & \ddots & \ddots & \\ & & & a_{n-1} & b_{n-1} & c_{n-1} \\ & & & & a_n & b_n \end{bmatrix} \begin{bmatrix} x_1 \\ x_2 \\ x_3 \\ \vdots \\ x_{n-1} \\ x_n \end{bmatrix} = \begin{bmatrix} p_1 \\ \dfrac{d_2 - a_2 p_1}{b_2 - a_2 q_1} \\ d_3 \\ \vdots \\ d_{n-1} \\ d_n \end{bmatrix} \tag{3.19}$$

令 $q_2 = \dfrac{c_2}{b_2 - a_2 q_1}$， $p_2 = \dfrac{d_2 - a_2 p_1}{b_2 - a_2 q_1}$，则式（3.19）即为

$$\begin{bmatrix} 1 & q_1 & & & & \\ 0 & 1 & q_2 & & & \\ & a_3 & b_3 & c_3 & & \\ & & \ddots & \ddots & \ddots & \\ & & & a_{n-1} & b_{n-1} & c_{n-1} \\ & & & & a_n & b_n \end{bmatrix} \begin{bmatrix} x_1 \\ x_2 \\ x_3 \\ \vdots \\ x_{n-1} \\ x_n \end{bmatrix} = \begin{bmatrix} p_1 \\ p_2 \\ d_3 \\ \vdots \\ d_{n-1} \\ d_n \end{bmatrix} \tag{3.20}$$

将式（3.20）中的第二个方程乘以$(-a_3)$加到第三个方程上，得

$$\begin{bmatrix} 1 & q_1 & & & & \\ 0 & 1 & q_2 & & & \\ & 0 & b_3 - a_3 q_2 & c_3 & & \\ & & \ddots & \ddots & \ddots & \\ & & & a_{n-1} & b_{n-1} & c_{n-1} \\ & & & & a_n & b_n \end{bmatrix} \begin{bmatrix} x_1 \\ x_2 \\ x_3 \\ \vdots \\ x_{n-1} \\ x_n \end{bmatrix} = \begin{bmatrix} p_1 \\ p_2 \\ d_3 - a_3 p_2 \\ \vdots \\ d_{n-1} \\ d_n \end{bmatrix}$$

如此继续下去，完成 $n-1$ 次消元后，方程组（3.15）即化为同解方程组

$$\begin{bmatrix} 1 & q_1 & & & & \\ 0 & 1 & q_2 & & & \\ & 0 & 1 & q_3 & & \\ & & \ddots & \ddots & \ddots & \\ & & & 0 & 1 & q_{n-1} \\ & & & & 0 & b_n - a_n q_{n-1} \end{bmatrix} \begin{bmatrix} x_1 \\ x_2 \\ x_3 \\ \vdots \\ x_{n-1} \\ x_n \end{bmatrix} = \begin{bmatrix} p_1 \\ p_2 \\ p_3 \\ \vdots \\ p_{n-1} \\ d_n - a_n p_{n-1} \end{bmatrix} \tag{3.21}$$

将式（3.21）的第 n 个方程除以 $b_n-a_nq_{n-1}$，得

$$\begin{bmatrix} 1 & q_1 & & & \\ & 1 & q_2 & & \\ & & 1 & q_3 & \\ & & & \ddots & \ddots \\ & & & 1 & q_{n-1} \\ & & & & 1 \end{bmatrix} \begin{bmatrix} x_1 \\ x_2 \\ x_3 \\ \vdots \\ x_{n-1} \\ x_n \end{bmatrix} = \begin{bmatrix} p_1 \\ p_2 \\ p_3 \\ \vdots \\ p_{n-1} \\ \dfrac{d_n - a_n p_{n-1}}{b_n - a_n q_{n-1}} \end{bmatrix} \tag{3.22}$$

令 $p_n = \dfrac{d_n - a_n p_{n-1}}{b_n - a_n q_{n-1}}$，则式（3.22）即为

$$\begin{bmatrix} 1 & q_1 & & & \\ & 1 & q_2 & & \\ & & 1 & q_3 & \\ & & & \ddots & \ddots \\ & & & 1 & q_{n-1} \\ & & & & 1 \end{bmatrix} \begin{bmatrix} x_1 \\ x_2 \\ x_3 \\ \vdots \\ x_{n-1} \\ x_n \end{bmatrix} = \begin{bmatrix} p_1 \\ p_2 \\ p_3 \\ \vdots \\ p_{n-1} \\ p_n \end{bmatrix}$$

这是一个上三角形方程组，对它进行回代，即可求得原方程组（3.15）的解

$$x_n = p_n$$
$$x_i = p_i - q_i x_{i+1} \quad (i=n-1, n-2, \cdots, 1)$$

上述消元过程称之为“追”，回代过程称之为“赶”。这便是“追赶法”名称的由来。

编程时，系数矩阵可用三个一维数组存储。考虑到在消元过程中，算出 q_i、p_i 后，c_i、d_i 就没有保留的必要了，所以可让 q_i、p_i 分别占用 c_i、d_i 所在单元。

追赶法算法：

（1）$c_1/b_1 \Rightarrow c_1$，$d_1/b_1 \Rightarrow d_1$。

（2）$k=2,3,\cdots,n-1$，

① $b_k - a_k c_{k-1} \Rightarrow t$；

② $c_k/t \Rightarrow c_k$；

③ $(d_k - a_k d_{k-1})/t \Rightarrow d_k$。

（3）$(d_n - a_n d_{n-1})/(b_n - a_n c_{n-1}) \Rightarrow d_n$。

（4）$d_n \Rightarrow x_n$。

（5）$k=n-1, n-2, \cdots, 1$，

$$d_k - c_k x_{k+1} \Rightarrow x_k$$

3.5　迭　代　法

线性方程组的直接解法，用于阶数不高的线性方程组效果较好，而对于阶数较高，特别是系数矩阵是稀疏矩阵的线性方程组，则使用迭代法更有利。另外，迭代法也常用来提高已知近似解的精度。

在讨论迭代法的收敛性时，常涉及向量和矩阵的“大小”问题，因此首先介绍 n 维向量和 n 阶矩阵的范数。

3.5.1　向量范数和矩阵范数

1. 向量范数

定义 3.1　若对 $\mathbf{R}^n$ 上任一向量 $\boldsymbol{x}$，皆对应一个非负实数 $\|\boldsymbol{x}\|$，且满足如下条件：

（1）正定性：$\|\boldsymbol{x}\| \geqslant 0$，等号当且仅当 $\boldsymbol{x}=\mathbf{0}$ 时成立；

（2）齐次性：对任意实数 α，都有 $\|\alpha\boldsymbol{x}\|=|\alpha|\cdot\|\boldsymbol{x}\|$；

（3）三角不等式：对 $\forall \boldsymbol{x}, \boldsymbol{y} \in \mathbf{R}^n$，有 $\|\boldsymbol{x}+\boldsymbol{y}\| \leqslant \|\boldsymbol{x}\|+\|\boldsymbol{y}\|$，

则称 $\|\boldsymbol{x}\|$ 是 $\mathbf{R}^n$ 上的一个向量范数（上述三个条件称为范数公理）。

容易看出，实数的绝对值、复数的模、三维向量的模等都满足范数公理，n 维向量的范数概念是它们的自然推广。

设 $\boldsymbol{x}=(x_1,x_2,\cdots,x_n)^{\mathrm{T}}$，常用的向量范数有三种：

（1）1-范数：$\|\boldsymbol{x}\|_1 = \sum\limits_{i=1}^{n}|x_i|$。

（2）2-范数：$\|\boldsymbol{x}\|_2 = (\sum\limits_{i=1}^{n}x_i^2)^{\frac{1}{2}}$。

（3）∞-范数：$\|\boldsymbol{x}\|_\infty = \max\limits_{1\leqslant i\leqslant n}|x_i|$。

例 3.8　设 $\boldsymbol{x}=(3,-12,0,-4)^{\mathrm{T}}$，求 $\|\boldsymbol{x}\|_1, \|\boldsymbol{x}\|_2, \|\boldsymbol{x}\|_\infty$。

解　$\|\boldsymbol{x}\|_1 = |3|+|-12|+|0|+|-4| = 19$；

$\|\boldsymbol{x}\|_2 = \sqrt{3^2+(-12)^2+0^2+(-4)^2} = 13$；

$\|\boldsymbol{x}\|_\infty = \max(|3|,|-12|,|0|,|-4|) = 12$。

定义 3.2　设 $\{\boldsymbol{x}^{(k)}\}$ 为 $\mathbf{R}^n$ 中一向量序列，$\boldsymbol{x}\in\mathbf{R}^n$，$\boldsymbol{x}^{(k)}=(x_1^{(k)},x_2^{(k)},\cdots,x_n^{(k)})^{\mathrm{T}}$ $(k=1,2,\cdots)$，$\boldsymbol{x}=(x_1,x_2,\cdots,x_n)^{\mathrm{T}}$，如果 $\lim\limits_{k\to\infty}x_i^{(k)}=x_i$ $(i=1,2,\cdots,n)$，则称 $\boldsymbol{x}^{(k)}$ 收敛于向量 $\boldsymbol{x}$，记为 $\lim\limits_{k\to\infty}\boldsymbol{x}^{(k)}=\boldsymbol{x}$。

定理 3.3　$\mathbf{R}^n$ 上的任意两种向量范数是等价的，即若 $\|\boldsymbol{x}\|_s$ 和 $\|\boldsymbol{x}\|_t$ 是 $\mathbf{R}^n$ 上的任意两种向量范数，则存在常数 $c_1>0$，$c_2>0$，使得对任意 $\boldsymbol{x}\in\mathbf{R}^n$，皆有

$$c_1\|\boldsymbol{x}\|_s \leqslant \|\boldsymbol{x}\|_t \leqslant c_2\|\boldsymbol{x}\|_s$$

证明从略。

定理 3.4　设$\{\boldsymbol{x}^{(k)}\}$为$\mathbf{R}^n$中一向量序列，$\boldsymbol{x}\in\mathbf{R}^n$，则$\lim\limits_{k\to\infty}\boldsymbol{x}^{(k)}=\boldsymbol{x}$的充要条件是

$$\lim_{k\to\infty}\left\|\boldsymbol{x}^{(k)}-\boldsymbol{x}\right\|=0$$

其中$\|\boldsymbol{x}\|$为任一种向量范数。

证　显然，$\lim\limits_{k\to\infty}\left\|\boldsymbol{x}^{(k)}-\boldsymbol{x}\right\|_\infty=0\Leftrightarrow\lim\limits_{k\to\infty}\boldsymbol{x}^{(k)}=\boldsymbol{x}$，而由定理 3.3 可知

$$\lim_{k\to\infty}\left\|\boldsymbol{x}^{(k)}-\boldsymbol{x}\right\|=0\Leftrightarrow\lim_{k\to\infty}\left\|\boldsymbol{x}^{(k)}-\boldsymbol{x}\right\|_\infty=0$$

其中$\|\boldsymbol{x}\|$为任一种向量范数。于是有

$$\lim_{k\to\infty}\left\|\boldsymbol{x}^{(k)}-\boldsymbol{x}\right\|=0\Leftrightarrow\lim_{k\to\infty}\boldsymbol{x}^{(k)}=\boldsymbol{x}$$

定理得证。

由定理 3.3 和定理 3.4 易见，讨论向量序列的收敛性时，可不指明使用的是何种范数；证明时，也只需就某一种范数进行即可。

2. 矩阵范数

定义 3.3　若对$\mathbf{R}^{n\times n}$上任一矩阵$\boldsymbol{A}$，皆对应一个非负实数$\|\boldsymbol{A}\|$，且满足如下条件：

（1）正定性：$\|\boldsymbol{A}\|\geqslant 0$，等号当且仅当$\boldsymbol{A}=\boldsymbol{0}$时成立；

（2）齐次性：对任意实数α，都有$\|\alpha\boldsymbol{A}\|=|\alpha|\cdot\|\boldsymbol{A}\|$；

（3）三角不等式：对$\forall\boldsymbol{A},\boldsymbol{B}\in\mathbf{R}^{n\times n}$，都有$\|\boldsymbol{A}+\boldsymbol{B}\|\leqslant\|\boldsymbol{A}\|+\|\boldsymbol{B}\|$；

（4）相容性：对$\forall\boldsymbol{A},\boldsymbol{B}\in\mathbf{R}^{n\times n}$，都有$\|\boldsymbol{AB}\|\leqslant\|\boldsymbol{A}\|\cdot\|\boldsymbol{B}\|$，

则称$\|\boldsymbol{A}\|$是$\mathbf{R}^{n\times n}$上的一个矩阵范数。

定义 3.4　如果$\mathbf{R}^n$上的一种向量范数$\|\boldsymbol{x}\|$和$\mathbf{R}^{n\times n}$上的一种矩阵范数$\|\boldsymbol{A}\|$满足

$$\|\boldsymbol{Ax}\|\leqslant\|\boldsymbol{A}\|\cdot\|\boldsymbol{x}\|,\quad\forall\boldsymbol{A}\in\mathbf{R}^{n\times n},\quad\forall\boldsymbol{x}\in\mathbf{R}^n$$

则称$\|\boldsymbol{A}\|$是与向量范数$\|\boldsymbol{x}\|$相容的矩阵范数。

定义 3.5　设$\boldsymbol{A}\in\mathbf{R}^{n\times n}$，$\boldsymbol{x}\in\mathbf{R}^n$，给出一种向量范数$\|\boldsymbol{x}\|_t$（如$t$=1、2 或$\infty$等），则相应地定义了一个矩阵的非负函数

$$\|\boldsymbol{A}\|_t=\max_{\boldsymbol{x}\neq\boldsymbol{0}}\frac{\|\boldsymbol{Ax}\|_t}{\|\boldsymbol{x}\|_t}=\max_{\|\boldsymbol{x}\|_t=1}\|\boldsymbol{Ax}\|_t$$

可以验证，$\|\boldsymbol{A}\|_t$是$\mathbf{R}^{n\times n}$上的一个矩阵范数，称为由向量范数导出的矩阵范数，也称为算子范数。

定理 3.5　设$\boldsymbol{A}\in\mathbf{R}^{n\times n}$，$\boldsymbol{x}\in\mathbf{R}^n$，则

（1）与$\|\boldsymbol{x}\|_\infty$相容的矩阵算子范数$\|\boldsymbol{A}\|_\infty=\max\limits_{1\leqslant i\leqslant n}\sum\limits_{j=1}^{n}\left|a_{ij}\right|$，称为矩阵$\boldsymbol{A}$的行范数；

（2）与$\|\boldsymbol{x}\|_1$相容的矩阵算子范数$\|\boldsymbol{A}\|_1=\max\limits_{1\leqslant j\leqslant n}\sum\limits_{i=1}^{n}\left|a_{ij}\right|$，称为矩阵$\boldsymbol{A}$的列范数；

（3）与$\|\boldsymbol{x}\|_2$相容的矩阵算子范数$\|\boldsymbol{A}\|_2=\sqrt{\lambda_1}$（$\lambda_1$是$\boldsymbol{A}^{\mathrm{T}}\boldsymbol{A}$的最大特征值），称为矩阵$\boldsymbol{A}$的 2-范数或谱范数或欧几里得范数。

证明从略。

例 3.9　设 $A=\begin{bmatrix} 1 & 1 \\ -2 & 2 \end{bmatrix}$，计算 A 的各种算子范数。

解　$\|A\|_\infty = \max(|1|+|1|,|-2|+|2|)=4$；

$\|A\|_1 = \max(|1|+|-2|,|1|+|2|)=3$；

$A^{\mathrm T}A=\begin{bmatrix} 1 & -2 \\ 1 & 2 \end{bmatrix}\begin{bmatrix} 1 & 1 \\ -2 & 2 \end{bmatrix}=\begin{bmatrix} 5 & -3 \\ -3 & 5 \end{bmatrix}$。

于是由其特征方程

$$|\lambda E - A^{\mathrm T}A| = \begin{vmatrix} \lambda-5 & 3 \\ 3 & \lambda-5 \end{vmatrix} = (\lambda-5)^2-3^2=0$$

可求得特征根 $\lambda_1=8$，$\lambda_2=2$，故 $\|A\|_2=\sqrt{\lambda_1}=2\sqrt{2}$。

定义 3.6　设 $\{A^{(k)}\}$ 为 $\mathbf{R}^{n\times n}$ 中一矩阵序列，$A\in\mathbf{R}^{n\times n}$，若 $\lim\limits_{k\to\infty}a_{ij}^{(k)}=a_{ij}\ (i,j=1,2,\cdots,n)$，则称 $A^{(k)}$ 收敛于矩阵 A，记为 $\lim\limits_{k\to\infty}A^{(k)}=A$。

定理 3.6　$\mathbf{R}^{n\times n}$ 上任意两种矩阵范数是等价的，即若 $\|A\|_s$ 和 $\|A\|_t$ 是 $\mathbf{R}^{n\times n}$ 上的任意两种矩阵范数，则存在常数 $c_1>0$，$c_2>0$，使得对任意 $A\in\mathbf{R}^{n\times n}$，皆有

$$c_1\|A\|_s \leqslant \|A\|_t \leqslant c_2\|A\|_s$$

证明从略。

定理 3.7　设 $\{A^{(k)}\}$ 为 $\mathbf{R}^{n\times n}$ 中一矩阵序列，$A\in\mathbf{R}^{n\times n}$，则 $\lim\limits_{k\to\infty}A^{(k)}=A$ 的充要条件是

$$\lim_{k\to\infty}\|A^{(k)}-A\|=0$$

其中 $\|A\|$ 为任一种矩阵范数。

证　显然，$\lim\limits_{k\to\infty}\|A^{(k)}-A\|_\infty=0 \Leftrightarrow \lim\limits_{k\to\infty}A^{(k)}=A$，而由定理 3.6 可知

$$\lim_{k\to\infty}\|A^{(k)}-A\|=0 \Leftrightarrow \lim_{k\to\infty}\|A^{(k)}-A\|_\infty=0$$

其中 $\|A\|$ 为任一种矩阵范数。于是有

$$\lim_{k\to\infty}\|A^{(k)}-A\|=0 \Leftrightarrow \lim_{k\to\infty}A^{(k)}=A$$

定理得证。

由定理 3.6 和定理 3.7 易见，讨论矩阵序列的收敛性时，可不指明使用的是何种范数；证明时，也只需就某一种范数进行即可。

3. 谱半径

定义 3.7　设 $A\in\mathbf{R}^{n\times n}$，其特征值为 $\lambda_i\ (i=1,2,\cdots,n)$，则称

$$\rho(A)=\max_{1\leqslant i\leqslant n}|\lambda_i|$$

为 A 的谱半径。

定理 3.8　设 $A\in\mathbf{R}^{n\times n}$，则

$$\rho(A)\leqslant\|A\|$$

其中$\|\boldsymbol{A}\|$为$\boldsymbol{A}$的任一种算子范数。

证　设λ是$\boldsymbol{A}$的任一特征值，$\boldsymbol{x}$为相应的特征向量，则

$$\boldsymbol{Ax}=\lambda\boldsymbol{x}$$

于是

$$|\lambda|\cdot\|\boldsymbol{x}\|=\|\lambda\boldsymbol{x}\|=\|\boldsymbol{Ax}\|\leqslant\|\boldsymbol{A}\|\cdot\|\boldsymbol{x}\|$$

$\boldsymbol{x}\neq 0$，所以$\|\boldsymbol{x}\|>0$，故有

$$|\lambda|\leqslant\|\boldsymbol{A}\|$$

由此可得

$$\rho(\boldsymbol{A})\leqslant\|\boldsymbol{A}\|$$

定理 3.9　设$\boldsymbol{A}\in\mathbf{R}^{n\times n}$，则$\lim\limits_{k\to\infty}\boldsymbol{A}^k=\boldsymbol{0}$的充要条件是$\rho(\boldsymbol{A})<1$。

证明从略。

3.5.2　迭代法的一般形式

对于系数矩阵非奇异的n阶线性方程组即式（3.2）

$$\boldsymbol{Ax}=\boldsymbol{b}$$

构造其同解方程组

$$\boldsymbol{x}=\boldsymbol{Cx}+\boldsymbol{f} \tag{3.23}$$

其中$\boldsymbol{C}\in\mathbf{R}^{n\times n}$，$\boldsymbol{f}\in\mathbf{R}^n$。于是得到迭代公式

$$\boldsymbol{x}^{(k+1)}=\boldsymbol{Cx}^{(k)}+\boldsymbol{f}\quad(k=0,1,2,\cdots) \tag{3.24}$$

任取初始向量$\boldsymbol{x}^{(0)}\in\mathbf{R}^n$，代入式（3.24）可得

$$\boldsymbol{x}^{(1)}=\boldsymbol{Cx}^{(0)}+\boldsymbol{f}$$

再将$\boldsymbol{x}^{(1)}$代入式（3.24）可得

$$\boldsymbol{x}^{(2)}=\boldsymbol{Cx}^{(1)}+\boldsymbol{f}$$

依此类推，得到一个迭代向量序列$\{\boldsymbol{x}^{(k)}\}$$(k=0,1,2,\cdots)$，若

$$\lim_{k\to\infty}\boldsymbol{x}^{(k)}=\boldsymbol{x}^*$$

则由式（3.24），有

$$\boldsymbol{x}^*=\lim_{k\to\infty}\boldsymbol{x}^{(k+1)}=\boldsymbol{C}\lim_{k\to\infty}\boldsymbol{x}^{(k)}+\boldsymbol{f}=\boldsymbol{Cx}^*+\boldsymbol{f}$$

即$\boldsymbol{x}^*$是方程组（3.23）的解，也就是方程组（3.2）的解，此时称迭代公式（3.24）收敛；若当$k\to\infty$时，$\boldsymbol{x}^{(k)}$的极限不存在，则称迭代公式（3.24）发散。矩阵$\boldsymbol{C}$称为迭代矩阵。

由以上讨论可见迭代法的关键在于：

（1）如何构造迭代公式（3.24）。不同的迭代公式对应不同的迭代法。

（2）迭代法产生的迭代向量序列$\{\boldsymbol{x}^{(k)}\}$$(k=0,1,2,\cdots)$的收敛条件是什么。

3.5.3　雅可比迭代法

雅可比（Jacobi）迭代法也称简单迭代法。下面通过一个例子来说明雅可比迭代法的基本思想。

例 3.10　解线性方程组

$$\begin{cases} 10x_1 - 2x_2 - x_3 = 3 \\ -2x_1 + 10x_2 - x_3 = 15 \\ -x_1 - 2x_2 + 5x_3 = 10 \end{cases}$$

精度要求为 10^{-3}。

解　从三个方程中分别解出 x_1, x_2, x_3，可得原方程组的同解方程组

$$\begin{cases} x_1 = 0.2x_2 + 0.1x_3 + 0.3 \\ x_2 = 0.2x_1 + 0.1x_3 + 1.5 \\ x_3 = 0.2x_1 + 0.4x_2 + 2 \end{cases}$$

由此可得雅可比迭代公式

$$\begin{cases} x_1^{(k+1)} = 0.2x_2^{(k)} + 0.1x_3^{(k)} + 0.3 \\ x_2^{(k+1)} = 0.2x_1^{(k)} + 0.1x_3^{(k)} + 1.5 \\ x_3^{(k+1)} = 0.2x_1^{(k)} + 0.4x_2^{(k)} + 2 \end{cases} \tag{3.25}$$

任取一初始向量 $\boldsymbol{x}^{(0)}=(0,0,0)^{\mathrm{T}}$，依次代入式（3.25），得到迭代序列 $\{\boldsymbol{x}^{(k)}\}$ (k=0,1,2,⋯)，见表 3-2。

表 3-2

k	$x_1^{(k)}$	$x_2^{(k)}$	$x_3^{(k)}$
0	0	0	0
1	0.3000	1.5000	2.0000
2	0.8000	1.7600	2.6600
3	0.9180	1.9260	2.8640
4	0.9716	1.9700	2.9540
5	0.9894	1.9897	2.9823
6	0.9963	1.9961	2.9938
7	0.9986	1.9986	2.9977
8	0.9995	1.9995	2.9992
9	0.9998	1.9998	2.9998

与非线性方程的迭代法类似，可用相邻两次迭代向量差的范数来估计近似解的误差。$\left\|\boldsymbol{x}^{(9)} - \boldsymbol{x}^{(8)}\right\|_\infty = \max\limits_{1\leqslant i\leqslant 3}\left|x_i^{(9)} - x_i^{(8)}\right| = 0.0006 \leqslant 10^{-3}$，故取 $\boldsymbol{x}^*=\boldsymbol{x}^{(9)}=(0.9998,1.9998,2.9998)^{\mathrm{T}}$ 为原方程组的满足精度要求的近似解（精确解是$(1,2,3)^{\mathrm{T}}$）。

一般地，对 n 阶线性方程组 $\boldsymbol{Ax}=\boldsymbol{b}$，即

$$\begin{bmatrix} a_{11} & a_{12} & \cdots & a_{1n} \\ a_{21} & a_{22} & \cdots & a_{2n} \\ \vdots & \vdots & & \vdots \\ a_{n1} & a_{n2} & \cdots & a_{nn} \end{bmatrix} \begin{bmatrix} x_1 \\ x_2 \\ \vdots \\ x_n \end{bmatrix} = \begin{bmatrix} b_1 \\ b_2 \\ \vdots \\ b_n \end{bmatrix} \tag{3.26}$$

设 $a_{ii}\neq 0$，从式（3.26）的第 i 个方程中解出 $x_i(i=1,2,\cdots,n)$，得等价的方程组

$$\begin{bmatrix} x_1 \\ x_2 \\ \vdots \\ x_n \end{bmatrix} = \begin{bmatrix} 0 & -a_{12}/a_{11} & \cdots & -a_{1n}/a_{11} \\ -a_{21}/a_{22} & 0 & \cdots & -a_{2n}/a_{22} \\ \vdots & \vdots & & \vdots \\ -a_{n1}/a_{nn} & -a_{n2}/a_{nn} & \cdots & 0 \end{bmatrix} \begin{bmatrix} x_1 \\ x_2 \\ \vdots \\ x_n \end{bmatrix} + \begin{bmatrix} b_1/a_{11} \\ b_2/a_{22} \\ \vdots \\ b_n/a_{nn} \end{bmatrix} \tag{3.27}$$

令

$$\boldsymbol{D}=\begin{bmatrix} a_{11} & & & & \\ & a_{22} & & & \\ & & \ddots & & \\ & & & a_{n-1,n-1} & \\ & & & & a_{nn} \end{bmatrix}$$

$$\boldsymbol{L}=\begin{bmatrix} 0 & & & & \\ -a_{21} & 0 & & & \\ \vdots & \vdots & \ddots & & \\ -a_{n-1,1} & -a_{n-1,2} & \cdots & 0 & \\ -a_{n1} & -a_{n2} & \cdots & -a_{n,n-1} & 0 \end{bmatrix}$$

$$\boldsymbol{U}=\begin{bmatrix} 0 & -a_{12} & \cdots & -a_{1,n-1} & -a_{1n} \\ & 0 & \cdots & -a_{2,n-1} & -a_{2n} \\ & & \ddots & \vdots & \vdots \\ & & & 0 & -a_{n-1,n} \\ & & & & 0 \end{bmatrix}$$

则式（3.27）即为

$$\boldsymbol{x}=\boldsymbol{D}^{-1}(\boldsymbol{L}+\boldsymbol{U})\boldsymbol{x}+\boldsymbol{D}^{-1}\boldsymbol{b}$$

记 $\boldsymbol{C}_{\mathrm{J}}=\boldsymbol{D}^{-1}(\boldsymbol{L}+\boldsymbol{U})$，$\boldsymbol{f}_{\mathrm{J}}=\boldsymbol{D}^{-1}\boldsymbol{b}$，于是有

$$\boldsymbol{x}=\boldsymbol{C}_{\mathrm{J}}\boldsymbol{x}+\boldsymbol{f}_{\mathrm{J}}$$

由此建立起迭代公式

$$\boldsymbol{x}^{(k+1)}=\boldsymbol{C}_{\mathrm{J}}\boldsymbol{x}^{(k)}+\boldsymbol{f}_{\mathrm{J}} \quad (k=0,1,2,\cdots) \tag{3.28}$$

即

$$x_i^{(k+1)}=\left(b_i-\sum_{\substack{j=1\\j\neq i}}^{n}a_{ij}x_j^{(k)}\right)\Big/a_{ii} \quad (i=1,2,\cdots,n;\ k=0,1,2,\cdots) \tag{3.29}$$

这就是雅可比迭代公式。

设精度要求为 ε，在实际计算过程中，若有 k 使 $\left\|\boldsymbol{x}^{(k+1)}-\boldsymbol{x}^{(k)}\right\|\leqslant\varepsilon$（$\|\boldsymbol{x}\|$ 为某种向量范数，一般取为∞-范数，即 $\left\|\boldsymbol{x}^{(k+1)}-\boldsymbol{x}^{(k)}\right\|_\infty=\max\limits_{1\leqslant i\leqslant n}\left|x_i^{(k+1)}-x_i^{(k)}\right|\leqslant\varepsilon$）则停止迭代，取 $\boldsymbol{x}^{(k+1)}$ 为方程组（3.26）的近似解。

雅可比迭代法算法：

（1）输入系数矩阵 $\boldsymbol{A}$、右端向量 $\boldsymbol{b}$、精度要求 eps、控制最大迭代次数 m 及迭代初值 $\boldsymbol{y}=(y_1, y_2,\cdots, y_n)^{\mathrm{T}}$。

（2）mark=1。

（3）i=1,2,…,n,

若 a_{ii}=0，则 mark=0。

（4）若 mark=0，则输出奇异信息，然后结束。

（5）k=0。

（6）做循环：

① i=1,2,…,n

$y_i \Rightarrow x_i$；

② k=k+1；

③ i=1,2,…,n

$$\left(b_i - \sum_{\substack{j=1\\ j\neq i}}^{n} a_{ij}x_j\right)\Big/ a_{ii} \Rightarrow y_i$$

当 $\max\limits_{1\leqslant i\leqslant n}|y_i - x_i| >$ eps 且 $k<m$，返回继续做循环。

（7）若 $\max\limits_{1\leqslant i\leqslant n}|y_i - x_i| \leqslant$ eps，则输出$(y_1, y_2,\cdots, y_n)$和 k；

否则输出迭代失败信息。

说明：m 用于控制最大迭代次数。迭代 m 次后仍未达到精度要求，便认为迭代失败。出现这种情况，有可能是迭代发散，也有可能是迭代收敛速度太慢，在给定的次数内未达到精度要求。

3.5.4　高斯-塞德尔迭代法

由雅可比迭代公式（3.29）可知，在迭代的每一步计算过程中都是用 $\boldsymbol{x}^{(k)}$ 的全部分量来计算 $\boldsymbol{x}^{(k+1)}$ 的各个分量，即在计算 $x_i^{(k+1)}$ 时，已经计算出的新分量 $x_1^{(k+1)}, x_2^{(k+1)},\cdots, x_{i-1}^{(k+1)}$ 没有被利用。从直观上看，在计算 $x_i^{(k+1)}$ 时，用 $x_1^{(k+1)}, x_2^{(k+1)},\cdots, x_{i-1}^{(k+1)}$，而不用 $x_1^{(k)}, x_2^{(k)},\cdots, x_{i-1}^{(k)}$，即逐次用已经计算出的新分量来计算下一个分量，可能会收到更好的效果。这就是高斯-塞德尔（Gauss-Seidel）迭代法的基本思想。

对于 n 阶线性方程组 $\boldsymbol{Ax=b}$，即

$$\begin{bmatrix} a_{11} & a_{12} & \cdots & a_{1n} \\ a_{21} & a_{22} & \cdots & a_{2n} \\ \vdots & \vdots & & \vdots \\ a_{n1} & a_{n2} & \cdots & a_{nn} \end{bmatrix}\begin{bmatrix} x_1 \\ x_2 \\ \vdots \\ x_n \end{bmatrix} = \begin{bmatrix} b_1 \\ b_2 \\ \vdots \\ b_n \end{bmatrix}$$

设 $a_{ii}\neq 0(i=1,2,\cdots,n)$，则高斯-塞德尔迭代公式为

$$x_i^{(k+1)} = \left(b_i - \sum_{j=1}^{i-1} a_{ij}x_j^{(k+1)} - \sum_{j=i+1}^{n} a_{ij}x_j^{(k)}\right)\Big/ a_{ii} \quad (i=1,2,\cdots,n;\ k=0,1,2,\cdots) \tag{3.30}$$

设矩阵 $\boldsymbol{D}$、$\boldsymbol{L}$、$\boldsymbol{U}$ 的定义同 3.5.3 节，则式（3.30）的矩阵形式为

$$\boldsymbol{x}^{(k+1)}=\boldsymbol{D}^{-1}\boldsymbol{L}\boldsymbol{x}^{(k+1)}+\boldsymbol{D}^{-1}\boldsymbol{U}\boldsymbol{x}^{(k)}+\boldsymbol{D}^{-1}\boldsymbol{b}$$

即

$$Dx^{(k+1)}=Lx^{(k+1)}+Ux^{(k)}+b$$

移项，得

$$(D-L)x^{(k+1)}=Ux^{(k)}+b$$

$|D-L|=\prod_{i=1}^{n}a_{ii}\neq 0$，故 $D-L$ 非奇异，于是有

$$x^{(k+1)}=(D-L)^{-1}Ux^{(k)}+(D-L)^{-1}b$$

记 $C_G=(D-L)^{-1}U$，$f_G=(D-L)^{-1}b$，则上式即为

$$x^{(k+1)}=C_G x^{(k)}+f_G$$

由此可见，高斯-塞德尔迭代法的迭代矩阵是 C_G 。

例 3.11　用高斯-塞德尔迭代法求解例 3.10 中的方程组

$$\begin{cases}10x_1-2x_2-x_3=3\\-2x_1+10x_2-x_3=15\\-x_1-2x_2+5x_3=10\end{cases}$$

精度要求为 10^{-3}。

解　从三个方程中分别解出 x_1,x_2,x_3 ，得原方程组的同解方程组

$$\begin{cases}x_1=\qquad 0.2x_2+0.1x_3+0.3\\x_2=0.2x_1\qquad +0.1x_3+1.5\\x_3=0.2x_1+0.4x_2\qquad +2\end{cases}$$

由此可得高斯-塞德尔迭代公式

$$\begin{cases}x_1^{(k+1)}=\qquad 0.2x_2^{(k)}+0.1x_3^{(k)}+0.3\\x_2^{(k+1)}=0.2x_1^{(k+1)}\qquad +0.1x_3^{(k)}+1.5\\x_3^{(k+1)}=0.2x_1^{(k+1)}+0.4x_2^{(k+1)}\qquad +2\end{cases}\quad (k=0,1,2,\cdots) \tag{3.31}$$

仍取 $x^{(0)}=(0,0,0)^T$，依次代入（3.31），得到迭代序列 $\{x^{(k)}\}$ $(k=0,1,2,\cdots)$，见表 3-3。

表 3-3

k	$x_1^{(k)}$	$x_2^{(k)}$	$x_3^{(k)}$
0	0	0	0
1	0.3000	1.5600	2.6840
2	0.8804	1.9445	2.9539
3	0.9843	1.9923	2.9938
4	0.9978	1.9989	2.9991
5	0.9997	1.9999	2.9999
6	1.0000	2.0000	3.0000

因为 $\|x^{(6)}-x^{(5)}\|_\infty=\max\limits_{1\leqslant i\leqslant 3}|x_i^{(6)}-x_i^{(5)}|=0.0003\leqslant 10^{-3}$，故取 $x^{(6)}=(1.0000,2.0000,3.0000)^T$ 为原方程组的满足精度要求的近似解（精确解是$(1,2,3)^T$）。

可以看出，对本例而言，高斯-塞德尔迭代法比雅可比迭代法收敛速度快一些。

高斯-塞德尔迭代法算法：

（1）输入系数矩阵 $\boldsymbol{A}$、右端向量 $\boldsymbol{b}$、精度要求 eps、控制最大迭代次数 m 及迭代初值 $\boldsymbol{x}=(x_1, x_2,\cdots, x_n)^{\mathrm{T}}$。

（2）mark=1。

（3）$i=1,2,\cdots,n$

若 $a_{ii}=0$，则 mark=0。

（4）若 mark=0，则输出奇异信息，然后结束。

（5）$k=0$。

（6）做循环：

① $i=1,2,\cdots,n$

$$x_i \Rightarrow y_i$$

② $k=k+1$；

③ $i=1,2,\cdots,n$

$$\left(b_i - \sum_{\substack{j=1\\ j\neq i}}^{n} a_{ij}x_j\right)\Bigg/ a_{ii} \Rightarrow x_i$$

当 $\max\limits_{1\leqslant i\leqslant n}|y_i - x_i| > \text{eps}$ 且 $k<m$，返回继续做循环。

（7）若 $\max\limits_{1\leqslant i\leqslant n}|y_i - x_i| \leqslant \text{eps}$，则输出$(x_1,x_2,\cdots,x_n)$和 k；

否则输出迭代失败信息。

3.5.5　迭代法的收敛性

对于任意的线性方程组，其雅可比迭代序列和高斯-塞德尔迭代序列是否一定都能收敛于原方程组的精确解呢？

将例 3.10 中三个方程顺序调换一下，成为

$$\begin{cases}-2x_1+10x_2-\ \ x_3=15\\ -x_1-\ \ 2x_2+5x_3=10\\ 10x_1-\ \ 2x_2-\ \ x_3=3\end{cases}$$

其雅可比迭代公式为

$$\begin{cases}x_1^{(k+1)}= \qquad\qquad 5x_2^{(k)}-0.5x_3^{(k)}-7.5\\ x_2^{(k+1)}=-0.5x_1^{(k)} \qquad +2.5x_3^{(k)}-5\\ x_3^{(k+1)}=\ \ 10x_1^{(k)}-2x_2^{(k)} \qquad\qquad -3\end{cases}$$

仍取 $\boldsymbol{x}^{(0)}=(0,0,0)^{\mathrm{T}}$，则有 $\boldsymbol{x}^{(1)}=(-7.5,-5,-3)^{\mathrm{T}}$，$\boldsymbol{x}^{(2)}=(-31,-8.75,-68)^{\mathrm{T}}$，$\boldsymbol{x}^{(3)}=(-85.25,-159.5,-295.5)^{\mathrm{T}}$，$\boldsymbol{x}^{(4)}=(-657.25,-701.125,-536.5)^{\mathrm{T}}$，…，显然发散；若用高斯-塞德尔迭代公式

$$\begin{cases}x_1^{(k+1)}= \qquad\qquad 5x_2^{(k)}-0.5x_3^{(k)}-7.5\\ x_2^{(k+1)}=-0.5x_1^{(k+1)} \qquad +2.5x_3^{(k)}-5\\ x_3^{(k+1)}=\ \ 10x_1^{(k+1)}-2x_2^{(k+1)} \qquad\qquad -3\end{cases}$$

计算，仍取 $\boldsymbol{x}^{(0)}=(0,0,0)^{\mathrm{T}}$，则有 $\boldsymbol{x}^{(1)}=(-7.5,-1.25,-74.5)^{\mathrm{T}}$，$\boldsymbol{x}^{(2)}=(23.5,-186.75,605.5)^{\mathrm{T}}$，$\boldsymbol{x}^{(3)}=(1244,886.75,10663.5)^{\mathrm{T}}$，…，显然也发散。

那么，迭代法产生的向量序列$\left\{\boldsymbol{x}^{(k)}\right\}$ $(k=0,1,2,\cdots)$的收敛条件是什么呢？

定理 3.10（迭代法基本定理）　设有线性方程组（3.23）

$$\boldsymbol{x}=\boldsymbol{C}\boldsymbol{x}+\boldsymbol{f}$$

对于任意初始向量$\boldsymbol{x}^{(0)}$及任意$\boldsymbol{f}$，解此方程组的迭代公式（3.24）

$$\boldsymbol{x}^{(k+1)}=\boldsymbol{C}\boldsymbol{x}^{(k)}+\boldsymbol{f}\quad (k=0,1,2,\cdots)$$

收敛的充要条件是

$$\rho(\boldsymbol{C})<1$$

证　设线性方程组（3.23）的精确解为$\boldsymbol{x}^*$，即

$$\boldsymbol{x}^*=\boldsymbol{C}\boldsymbol{x}^*+\boldsymbol{f} \tag{3.32}$$

于是式（3.24）-式（3.32）得

$$\boldsymbol{x}^{(k+1)}-\boldsymbol{x}^*=\boldsymbol{C}\boldsymbol{x}^{(k)}-\boldsymbol{C}\boldsymbol{x}^*=\boldsymbol{C}(\boldsymbol{x}^{(k)}-\boldsymbol{x}^*)\quad (k=0,1,2,\cdots) \tag{3.33}$$

记$\boldsymbol{\varepsilon}^{(k)}=\boldsymbol{x}^{(k)}-\boldsymbol{x}^*(k=0,1,2,\cdots)$，则式（3.33）即为

$$\boldsymbol{\varepsilon}^{(k+1)}=\boldsymbol{C}\boldsymbol{\varepsilon}^{(k)}\quad (k=0,1,2,\cdots)$$

于是

$$\boldsymbol{\varepsilon}^{(k+1)}=\boldsymbol{C}\boldsymbol{\varepsilon}^{(k)}=\boldsymbol{C}^2\boldsymbol{\varepsilon}^{(k-1)}=\cdots=\boldsymbol{C}^{k+1}\boldsymbol{\varepsilon}^{(0)}$$

由于

$$\boldsymbol{\varepsilon}^{(0)}=\boldsymbol{x}^{(0)}-\boldsymbol{x}^*\neq\boldsymbol{0}$$

故

$$\lim_{k\to\infty}\boldsymbol{\varepsilon}^{(k+1)}=\boldsymbol{0}\Leftrightarrow\lim_{k\to\infty}\boldsymbol{C}^{k+1}=\boldsymbol{0}$$

而

$$\lim_{k\to\infty}\boldsymbol{x}^{(k+1)}=\boldsymbol{x}^*\Leftrightarrow\lim_{k\to\infty}\boldsymbol{\varepsilon}^{(k+1)}=\boldsymbol{0}$$

由定理 3.9，有

$$\lim_{k\to\infty}\boldsymbol{C}^{k+1}=\boldsymbol{0}\Leftrightarrow\rho(\boldsymbol{C})<1$$

所以有

$$\lim_{k\to\infty}\boldsymbol{x}^{(k+1)}=\boldsymbol{x}^*\Leftrightarrow\rho(\boldsymbol{C})<1$$

定理得证。

定理 3.10 说明，迭代公式（3.24）收敛与否与方程组的右端向量及初始向量的选取无关，只取决于迭代矩阵$\boldsymbol{C}$的谱半径，而$\boldsymbol{C}$又依赖于方程组（3.2）的系数矩阵$\boldsymbol{A}$。

定理 3.11　如果迭代矩阵$\boldsymbol{C}$的某种算子范数$\|\boldsymbol{C}\|<1$，则迭代公式（3.24）

$$\boldsymbol{x}^{(k+1)}=\boldsymbol{C}\boldsymbol{x}^{(k)}+\boldsymbol{f}\quad (k=0,1,2,\cdots)$$

产生的向量序列$\{\boldsymbol{x}^{(k)}\}$收敛于线性方程组（3.23）

$$\boldsymbol{x}=\boldsymbol{C}\boldsymbol{x}+\boldsymbol{f}$$

的精确解$\boldsymbol{x}^*$，且有误差估计式

$$\left\|\boldsymbol{x}^{(k)}-\boldsymbol{x}^*\right\|\leqslant\frac{\|\boldsymbol{C}\|}{1-\|\boldsymbol{C}\|}\left\|\boldsymbol{x}^{(k)}-\boldsymbol{x}^{(k-1)}\right\| \tag{3.34}$$

$$\left\|\boldsymbol{x}^{(k)}-\boldsymbol{x}^{*}\right\| \leqslant \frac{\|\boldsymbol{C}\|^{k}}{1-\|\boldsymbol{C}\|}\left\|\boldsymbol{x}^{(1)}-\boldsymbol{x}^{(0)}\right\| \tag{3.35}$$

证　根据定理 3.8，$\rho(\boldsymbol{C}) \leqslant \|\boldsymbol{C}\|$，而已知$\|\boldsymbol{C}\|<1$，故$\rho(\boldsymbol{C})<1$，由定理 3.10 可知有

$$\lim_{k\to\infty} \boldsymbol{x}^{(k)}=\boldsymbol{x}^{*}$$

由于

$$\boldsymbol{x}^{(k+1)}=\boldsymbol{C}\boldsymbol{x}^{(k)}+\boldsymbol{f}$$
$$\boldsymbol{x}^{(k)}=\boldsymbol{C}\boldsymbol{x}^{(k-1)}+\boldsymbol{f}$$

所以

$$\boldsymbol{x}^{(k+1)}-\boldsymbol{x}^{(k)}=\boldsymbol{C}\boldsymbol{x}^{(k)}-\boldsymbol{C}\boldsymbol{x}^{(k-1)}=\boldsymbol{C}(\boldsymbol{x}^{(k)}-\boldsymbol{x}^{(k-1)})$$

$$\left\|\boldsymbol{x}^{(k+1)}-\boldsymbol{x}^{(k)}\right\|=\left\|\boldsymbol{C}(\boldsymbol{x}^{(k)}-\boldsymbol{x}^{(k-1)})\right\| \leqslant\|\boldsymbol{C}\| \cdot\left\|\boldsymbol{x}^{(k)}-\boldsymbol{x}^{(k-1)}\right\| \tag{3.36}$$

由式（3.33）有

$$\left\|\boldsymbol{x}^{(k+1)}-\boldsymbol{x}^{*}\right\|=\left\|\boldsymbol{C}(\boldsymbol{x}^{(k)}-\boldsymbol{x}^{*})\right\| \leqslant\|\boldsymbol{C}\| \cdot\left\|\boldsymbol{x}^{(k)}-\boldsymbol{x}^{*}\right\| \tag{3.37}$$

而

$$\boldsymbol{x}^{(k)}-\boldsymbol{x}^{*}=\boldsymbol{x}^{(k)}-\boldsymbol{x}^{(k+1)}+\boldsymbol{x}^{(k+1)}-\boldsymbol{x}^{*}$$

于是

$$\begin{aligned}
\left\|\boldsymbol{x}^{(k)}-\boldsymbol{x}^{*}\right\| & \leqslant\left\|\boldsymbol{x}^{(k)}-\boldsymbol{x}^{(k+1)}\right\|+\left\|\boldsymbol{x}^{(k+1)}-\boldsymbol{x}^{*}\right\| \\
& =\left\|\boldsymbol{x}^{(k+1)}-\boldsymbol{x}^{(k)}\right\|+\left\|\boldsymbol{x}^{(k+1)}-\boldsymbol{x}^{*}\right\| \\
& \leqslant\|\boldsymbol{C}\| \cdot\left\|\boldsymbol{x}^{(k)}-\boldsymbol{x}^{(k-1)}\right\|+\|\boldsymbol{C}\| \cdot\left\|\boldsymbol{x}^{(k)}-\boldsymbol{x}^{*}\right\|
\end{aligned}$$

移项，得

$$(1-\|\boldsymbol{C}\|)\left\|\boldsymbol{x}^{(k)}-\boldsymbol{x}^{*}\right\| \leqslant\|\boldsymbol{C}\| \cdot\left\|\boldsymbol{x}^{(k)}-\boldsymbol{x}^{(k-1)}\right\|$$

即式（3.34）

$$\left\|\boldsymbol{x}^{(k)}-\boldsymbol{x}^{*}\right\| \leqslant \frac{\|\boldsymbol{C}\|}{1-\|\boldsymbol{C}\|}\left\|\boldsymbol{x}^{(k)}-\boldsymbol{x}^{(k-1)}\right\|$$

由式（3.36）得

$$\left\|\boldsymbol{x}^{(k)}-\boldsymbol{x}^{(k-1)}\right\| \leqslant\|\boldsymbol{C}\| \cdot\left\|\boldsymbol{x}^{(k-1)}-\boldsymbol{x}^{(k-2)}\right\| \leqslant\|\boldsymbol{C}\|^{2}\left\|\boldsymbol{x}^{(k-2)}-\boldsymbol{x}^{(k-3)}\right\| \leqslant \cdots \leqslant\|\boldsymbol{C}\|^{k-1}\left\|\boldsymbol{x}^{(1)}-\boldsymbol{x}^{(0)}\right\|$$

将上式代入式（3.34）即得式（3.35）

$$\left\|\boldsymbol{x}^{(k)}-\boldsymbol{x}^{*}\right\| \leqslant \frac{\|\boldsymbol{C}\|^{k}}{1-\|\boldsymbol{C}\|}\left\|\boldsymbol{x}^{(1)}-\boldsymbol{x}^{(0)}\right\|$$

定理得证。

式（3.34）说明，当$\|\boldsymbol{C}\|<1$且不接近于 1，而相邻两次迭代向量$\boldsymbol{x}^{(k)}$和$\boldsymbol{x}^{(k-1)}$很接近时，$\boldsymbol{x}^{(k)}$与精确解 $\boldsymbol{x}^{*}$的误差就很小。因此，在实际计算中，若精度要求为ε，则用$\left\|\boldsymbol{x}^{(k)}-\boldsymbol{x}^{(k-1)}\right\| \leqslant \varepsilon$作为迭代终止条件是合理的。

反复利用式（3.37），得到$\left\|\boldsymbol{x}^{(k)}-\boldsymbol{x}^{*}\right\| \leqslant\|\boldsymbol{C}\|^{k}\left\|\boldsymbol{x}^{(0)}-\boldsymbol{x}^{*}\right\|$，可见 $\boldsymbol{x}^{(0)}$越接近 $\boldsymbol{x}^{*}$，迭代向量序列$\{\boldsymbol{x}^{(k)}\}$收敛得越快，即收敛速度与初始向量$\boldsymbol{x}^{(0)}$的选取有关。

例 3.12 判断对于线性方程组

$$\begin{cases} x_1 + 2x_2 - 2x_3 = 1 \\ x_1 + x_2 + x_3 = 1 \\ 2x_1 + 2x_2 + x_3 = 1 \end{cases} \tag{3.38}$$

分别用雅可比迭代法和高斯-塞德尔迭代法求解时是否收敛。

解 对于方程组（3.38），有

$$\boldsymbol{D}=\begin{bmatrix}1 & & \\ & 1 & \\ & & 1\end{bmatrix},\ \boldsymbol{L}=\begin{bmatrix}0 & & \\ -1 & 0 & \\ -2 & -2 & 0\end{bmatrix},\ \boldsymbol{U}=\begin{bmatrix}0 & -2 & 2 \\ & 0 & -1 \\ & & 0\end{bmatrix}$$

于是雅可比迭代法的迭代矩阵为

$$\boldsymbol{C}_\text{J}=\boldsymbol{D}^{-1}(\boldsymbol{L}+\boldsymbol{U})=\begin{bmatrix}1 & & \\ & 1 & \\ & & 1\end{bmatrix}\begin{bmatrix}0 & -2 & 2 \\ -1 & 0 & -1 \\ -2 & -2 & 0\end{bmatrix}=\begin{bmatrix}0 & -2 & 2 \\ -1 & 0 & -1 \\ -2 & -2 & 0\end{bmatrix}$$

由其特征方程

$$|\lambda\boldsymbol{E}-\boldsymbol{C}_\text{J}|=\begin{vmatrix}\lambda & 2 & -2 \\ 1 & \lambda & 1 \\ 2 & 2 & \lambda\end{vmatrix}=\lambda^3=0$$

求得 $\boldsymbol{C}_\text{J}$ 的特征根 $\lambda_1=\lambda_2=\lambda_3=0$，于是 $\rho(\boldsymbol{C}_\text{J})=0<1$，故知用雅可比迭代法求解该方程组时收敛。

高斯-塞德尔迭代法的迭代矩阵

$$\boldsymbol{C}_\text{G}=(\boldsymbol{D}-\boldsymbol{L})^{-1}\boldsymbol{U}=\begin{bmatrix}1 & & \\ 1 & 1 & \\ 2 & 2 & 1\end{bmatrix}^{-1}\begin{bmatrix}0 & -2 & 2 \\ & 0 & -1 \\ & & 0\end{bmatrix}=\begin{bmatrix}1 & & \\ -1 & 1 & \\ 0 & -2 & 1\end{bmatrix}\begin{bmatrix}0 & -2 & 2 \\ & 0 & -1 \\ & & 0\end{bmatrix}$$

$$=\begin{bmatrix}0 & -2 & 2 \\ 0 & 2 & -3 \\ 0 & 0 & 2\end{bmatrix}$$

由其特征方程

$$|\lambda\boldsymbol{E}-\boldsymbol{C}_\text{G}|=\begin{vmatrix}\lambda & 2 & -2 \\ 0 & \lambda-2 & 3 \\ 0 & 0 & \lambda-2\end{vmatrix}=\lambda(\lambda-2)^2=0$$

求得 $\boldsymbol{C}_\text{G}$ 的特征根 $\lambda_1=\lambda_2=2$，$\lambda_3=0$，于是 $\rho(\boldsymbol{C}_\text{G})=2>1$，故知用高斯-塞德尔迭代法求解该方程组时发散。

一般来讲，高斯-塞德尔迭代法的收敛速度比雅可比迭代法快，但由例 3.12 可见，这两种迭代法的收敛域并不完全重合，只是部分地相交。当然，也可举出对于雅可比迭代法发散而高斯-塞德尔迭代法收敛的例子，如

$$\begin{cases} 10x_1 + 4x_2 + 5x_3 = -1 \\ 4x_1 + 10x_2 + 7x_3 = 0 \\ 5x_1 + 7x_2 + 10x_3 = 4 \end{cases}$$

对于某些特殊的方程组，从方程组本身就可判定其敛散性，而不必求迭代矩阵的特征值或范数。

定义 3.8　如果 n 阶方阵 $\boldsymbol{A}$ 的元素满足

$$|a_{ii}| > \sum_{\substack{j=1 \\ j\neq i}}^{n} |a_{ij}| \quad (i=1,2,\cdots,n)$$

则称矩阵 $\boldsymbol{A}$ 为严格对角占优阵。

定理 3.12　若 n 阶方阵 $\boldsymbol{A}$ 为严格对角占优阵，则用雅可比迭代法和高斯-塞德尔迭代法求解线性方程组 $\boldsymbol{Ax=b}$ 时均收敛。

证明从略。

3.5.6　逐次超松弛迭代法

逐次超松弛迭代法（Successive Over Relaxation Method，SOR）是高斯-塞德尔迭代法的一种加速方法，是解大型稀疏矩阵方程组的有效方法之一。

对于 n 阶线性方程组 $\boldsymbol{Ax=b}$，即式（3.26）

$$\begin{bmatrix} a_{11} & a_{12} & \cdots & a_{1n} \\ a_{21} & a_{22} & \cdots & a_{2n} \\ \vdots & \vdots & & \vdots \\ a_{n1} & a_{n2} & \cdots & a_{nn} \end{bmatrix} \begin{bmatrix} x_1 \\ x_2 \\ \vdots \\ x_n \end{bmatrix} = \begin{bmatrix} b_1 \\ b_2 \\ \vdots \\ b_n \end{bmatrix}$$

设 $a_{ii}\neq 0(i=1,2,\cdots,n)$，且已知第 k 次迭代向量 $\boldsymbol{x}^{(k)}$ 及第 $k+1$ 次迭代向量 $\boldsymbol{x}^{(k+1)}$ 的前 $i-1$ 个分量 $x_j^{(k+1)}(j=1,2,\cdots,i-1)$，首先用高斯-塞德尔迭代法定义辅助量

$$\overline{x}_i^{(k+1)} = \left(b_i - \sum_{j=1}^{i-1} a_{ij}x_j^{(k+1)} - \sum_{j=i+1}^{n} a_{ij}x_j^{(k)}\right) \Big/ a_{ii} \quad (i=1,2,\cdots,n) \tag{3.39}$$

再把 $x_i^{(k+1)}$ 取为 $x_i^{(k)}$ 与 $\overline{x}_i^{(k+1)}$ 的某个加权平均值

$$x_i^{(k+1)} = (1-\omega)x_i^{(k)} + \omega\overline{x}_i^{(k+1)} \quad (i=1,2,\cdots,n) \tag{3.40}$$

将式（3.39）代入式（3.40）即得逐次超松弛迭代公式

$$x_i^{(k+1)} = (1-\omega)x_i^{(k)} + \omega\left(b_i - \sum_{j=1}^{i-1} a_{ij}x_j^{(k+1)} - \sum_{j=i+1}^{n} a_{ij}x_j^{(k)}\right) \Big/ a_{ii} \quad (i=1,2,\cdots,n)$$

亦即

$$x_i^{(k+1)} = x_i^{(k)} + \omega\left(b_i - \sum_{j=1}^{i-1} a_{ij}x_j^{(k+1)} - \sum_{j=i}^{n} a_{ij}x_j^{(k)}\right) \Big/ a_{ii} \quad (i=1,2,\cdots,n) \tag{3.41}$$

其中 ω 称为松弛因子。

逐次超松弛迭代法的收敛速度与 ω 的取值有关。显然，当 $\omega=1$ 时，它就是高斯-塞德尔迭代法。因此，可选取 ω 的值使逐次超松弛迭代法比高斯-塞德尔迭代法的收敛速度快，从而起到加速作用。当 $\omega<1$ 时，称式（3.41）为低松弛迭代法；当 $\omega>1$ 时，称

式（3.41）为超松弛迭代法。

定理 3.13　若解 n 阶线性方程组 $\boldsymbol{Ax=b}(a_{ii}\neq 0, i=1,2,\cdots,n)$的逐次超松弛迭代法收敛，则 $0<\omega<2$。

证明从略。

定理 3.14　若 $\boldsymbol{A}$ 为对称正定阵，$0<\omega<2$，则解 n 阶线性方程组 $\boldsymbol{Ax=b}$ $(a_{ii}\neq 0, i=1,2,\cdots,n)$ 的逐次超松弛迭代法收敛。

证明从略。

推论　若 $\boldsymbol{A}$ 为对称正定阵，则解 n 阶线性方程组 $\boldsymbol{Ax=b}$ $(a_{ii}\neq 0, i=1,2,\cdots,n)$的高斯-塞德尔迭代法收敛。

使式（3.41）式收敛最快的松弛因子 ω 称为最佳松弛因子。在实际计算时，最佳松弛因子很难事先确定，一般可用试算法选取近似最优值。

3.6　矩阵的特征值与特征向量的计算方法

在工程技术和科学计算中，经常会遇到计算矩阵的特征值和特征向量的问题。首先回顾一下有关概念和结论。

定义 3.9　设 $\boldsymbol{A}$ 为 n 阶实方阵，若存在一个常数 λ 和一个非零 n 维向量 $\boldsymbol{x}$，使

$$\boldsymbol{Ax}=\lambda\boldsymbol{x}$$

即

$$\begin{bmatrix} a_{11} & a_{12} & \cdots & a_{1n} \\ a_{21} & a_{22} & \cdots & a_{2n} \\ \vdots & \vdots & & \vdots \\ a_{n1} & a_{n2} & \cdots & a_{nn} \end{bmatrix}\begin{bmatrix} x_1 \\ x_2 \\ \vdots \\ x_n \end{bmatrix}=\lambda\begin{bmatrix} x_1 \\ x_2 \\ \vdots \\ x_n \end{bmatrix}$$

成立，则称 λ 为矩阵 $\boldsymbol{A}$ 的特征值，$\boldsymbol{x}$ 为矩阵 $\boldsymbol{A}$ 的特征值 λ 所对应的特征向量。

若 $\boldsymbol{x}$ 为矩阵 $\boldsymbol{A}$ 的特征值 λ 所对应的特征向量，则任取 $\alpha\neq 0$，有

$$\boldsymbol{A}(\alpha\boldsymbol{x})=\alpha\boldsymbol{Ax}=\alpha\lambda\boldsymbol{x}=\lambda(\alpha\boldsymbol{x})$$

即 $\alpha\boldsymbol{x}$ 亦为矩阵 $\boldsymbol{A}$ 的特征值 λ 所对应的特征向量。

常规的算法是由特征方程

$$|\lambda\boldsymbol{E}-\boldsymbol{A}|=0$$

即

$$\begin{vmatrix} \lambda-a_{11} & -a_{12} & \cdots & -a_{1n} \\ -a_{21} & \lambda-a_{22} & \cdots & -a_{2n} \\ \vdots & \vdots & & \vdots \\ -a_{n1} & -a_{n2} & \cdots & \lambda-a_{nn} \end{vmatrix}=0$$

求得矩阵 $\boldsymbol{A}$ 的 n 个特征值 $\lambda_1,\lambda_2,\cdots,\lambda_n$，再由线性方程组

$$(\lambda_i\boldsymbol{E}-\boldsymbol{A})\boldsymbol{x}=\boldsymbol{0}$$

即

$$\begin{bmatrix} \lambda_i - a_{11} & -a_{12} & \cdots & -a_{1n} \\ -a_{21} & \lambda_i - a_{22} & \cdots & -a_{2n} \\ \vdots & \vdots & & \vdots \\ -a_{n1} & -a_{n2} & \cdots & \lambda_i - a_{nn} \end{bmatrix} \begin{bmatrix} x_1 \\ x_2 \\ \vdots \\ x_n \end{bmatrix} = \begin{bmatrix} 0 \\ 0 \\ 0 \\ 0 \end{bmatrix}$$

解得矩阵 $\boldsymbol{A}$ 的特征值 λ_i 所对应的特征向量 $\boldsymbol{x}$。

该方法需计算行列式值、解非线性方程和齐次线性方程组，故当 n 较大时运算量很大，难以实现。因此，研究求 n 阶实方阵的特征值与特征向量的数值方法就显得很有必要了。

3.6.1 乘幂法

矩阵 $\boldsymbol{A}$ 的按绝对值最大的特征值称为主特征值。设 n 阶实方阵 $\boldsymbol{A}$ 有 n 个线性无关的特征向量 $\boldsymbol{x}_1, \boldsymbol{x}_2,\cdots, \boldsymbol{x}_n$，对应的特征值为 $\lambda_1,\lambda_2,\cdots,\lambda_n$，且 $|\lambda_1|>|\lambda_2|\geqslant|\lambda_3|\geqslant\cdots\geqslant|\lambda_n|$，则对任一非零 n 维向量 $\boldsymbol{z}^{(0)}$，均有不全为零的 $\alpha_1,\alpha_2,\cdots,\alpha_n$，使

$$\boldsymbol{z}^{(0)} = \alpha_1\boldsymbol{x}_1 + \alpha_2\boldsymbol{x}_2 + \cdots + \alpha_n\boldsymbol{x}_n \tag{3.42}$$

对式（3.42）不断左乘 $\boldsymbol{A}$，得到一个向量序列

$$\begin{aligned} \boldsymbol{z}^{(1)} &= \boldsymbol{A}\boldsymbol{z}^{(0)} = \alpha_1\boldsymbol{A}\boldsymbol{x}_1 + \alpha_2\boldsymbol{A}\boldsymbol{x}_2 + \cdots + \alpha_n\boldsymbol{A}\boldsymbol{x}_n \\ &= \alpha_1\lambda_1\boldsymbol{x}_1 + \alpha_2\lambda_2\boldsymbol{x}_2 + \cdots + \alpha_n\lambda_n\boldsymbol{x}_n \\ \boldsymbol{z}^{(2)} &= \boldsymbol{A}\boldsymbol{z}^{(1)} = \boldsymbol{A}^2\boldsymbol{z}^{(0)} = \alpha_1\lambda_1\boldsymbol{A}\boldsymbol{x}_1 + \alpha_2\lambda_2\boldsymbol{A}\boldsymbol{x}_2 + \cdots + \alpha_n\lambda_n\boldsymbol{A}\boldsymbol{x}_n \\ &= \alpha_1\lambda_1^2\boldsymbol{x}_1 + \alpha_2\lambda_2^2\boldsymbol{x}_2 + \cdots + \alpha_n\lambda_n^2\boldsymbol{x}_n \\ &\cdots\cdots \\ \boldsymbol{z}^{(k)} &= \boldsymbol{A}\boldsymbol{z}^{(k-1)} = \boldsymbol{A}^k\boldsymbol{z}^{(0)} = \alpha_1\lambda_1^k\boldsymbol{x}_1 + \alpha_2\lambda_2^k\boldsymbol{x}_2 + \cdots + \alpha_n\lambda_n^k\boldsymbol{x}_n \\ &= \lambda_1^k\left[\alpha_1\boldsymbol{x}_1 + \alpha_2\left(\frac{\lambda_2}{\lambda_1}\right)^k\boldsymbol{x}_2 + \cdots + \alpha_n\left(\frac{\lambda_n}{\lambda_1}\right)^k\boldsymbol{x}_n\right] \end{aligned}$$

于是

$$\frac{\boldsymbol{z}^{(k)}}{\lambda_1^k} = \alpha_1\boldsymbol{x}_1 + \alpha_2\left(\frac{\lambda_2}{\lambda_1}\right)^k\boldsymbol{x}_2 + \cdots + \alpha_n\left(\frac{\lambda_n}{\lambda_1}\right)^k\boldsymbol{x}_n$$

由于

$$\left|\frac{\lambda_i}{\lambda_1}\right| < 1 \quad (i=2,3,\cdots,n)$$

故

$$\lim_{k\to\infty}\left(\frac{\lambda_i}{\lambda_1}\right)^k = 0 \quad (i=2,3,\cdots,n)$$

所以必有

$$\lim_{k\to\infty}\frac{\boldsymbol{z}^{(k)}}{\lambda_1^k} = \alpha_1\boldsymbol{x}_1 \tag{3.43}$$

式（3.43）表明，当 $k\to\infty$ 时，$\dfrac{\boldsymbol{z}^{(k)}}{\lambda_1^k}$ 收敛于 $\boldsymbol{A}$ 的主特征值 λ_1 对应的特征向量 $\alpha_1\boldsymbol{x}_1$，

其收敛速度取决于比值$\left|\dfrac{\lambda_2}{\lambda_1}\right|$，这个比值称为收敛率。收敛率越小，收敛速度越快，如果收敛率接近于 1，收敛速度就很慢。

对于充分大的 k，有

$$\boldsymbol{z}^{(k)} \approx \lambda_1^k \alpha_1 \boldsymbol{x}_1 \tag{3.44}$$

所以 $\boldsymbol{z}^{(k)}$ 也可作为 λ_1 对应的近似特征向量。

用 x_i 表示 n 维向量 $\boldsymbol{x}$ 的第 i 个分量(i=1,2,…,n)。由于

$$\begin{aligned}
\frac{z_i^{(k+1)}}{z_i^{(k)}} &= \frac{(\boldsymbol{A}^{k+1}\boldsymbol{z}^{(0)})_i}{(\boldsymbol{A}^k\boldsymbol{z}^{(0)})_i} \\
&= \frac{\lambda_1^{k+1}\left[\alpha_1\boldsymbol{x}_1 + \alpha_2\left(\dfrac{\lambda_2}{\lambda_1}\right)^{k+1}\boldsymbol{x}_2 + \cdots + \alpha_n\left(\dfrac{\lambda_n}{\lambda_1}\right)^{k+1}\boldsymbol{x}_n\right]_i}{\lambda_1^{k}\left[\alpha_1\boldsymbol{x}_1 + \alpha_2\left(\dfrac{\lambda_2}{\lambda_1}\right)^{k}\boldsymbol{x}_2 + \cdots + \alpha_n\left(\dfrac{\lambda_n}{\lambda_1}\right)^{k}\boldsymbol{x}_n\right]_i} \\
&= \lambda_1\frac{\left[\alpha_1\boldsymbol{x}_1 + \alpha_2\left(\dfrac{\lambda_2}{\lambda_1}\right)^{k+1}\boldsymbol{x}_2 + \cdots + \alpha_n\left(\dfrac{\lambda_n}{\lambda_1}\right)^{k+1}\boldsymbol{x}_n\right]_i}{\left[\alpha_1\boldsymbol{x}_1 + \alpha_2\left(\dfrac{\lambda_2}{\lambda_1}\right)^{k}\boldsymbol{x}_2 + \cdots + \alpha_n\left(\dfrac{\lambda_n}{\lambda_1}\right)^{k}\boldsymbol{x}_n\right]_i}
\end{aligned}$$

故有

$$\lim_{k\to\infty}\frac{z_i^{(k+1)}}{z_i^{(k)}} = \lambda_1 \quad (i=1,2,\cdots,n) \tag{3.45}$$

式（3.45）表明，序列$\dfrac{z_i^{(k+1)}}{z_i^{(k)}}$($k$=1,2,…)收敛于 $\boldsymbol{A}$ 的主特征值 λ_1，其收敛率仍为$\left|\dfrac{\lambda_2}{\lambda_1}\right|$。

由式（3.44）易知，当$|\lambda_1|<1$ 或$|\lambda_1|>1$ 时，向量序列 $\boldsymbol{z}^{(k)}$ 中的非零分量随 k 的增大而趋于零或无穷大，在计算机上计算时会出现“下溢出”或“上溢出”。为了避免这种现象的发生，就需要对每次算得的向量 $\boldsymbol{z}^{(k)}$ 进行规范化处理——用 $\boldsymbol{z}^{(k)}$ 中绝对值最大的分量除 $\boldsymbol{z}^{(k)}$，于是得到乘幂法：

$$\begin{cases}\boldsymbol{y}^{(k)} = \boldsymbol{A}\boldsymbol{z}^{(k-1)} \\ m_k = \max(\boldsymbol{y}^{(k)}) \quad (k=1,2,\cdots) \\ \boldsymbol{z}^{(k)} = \boldsymbol{y}^{(k)}/m_k\end{cases} \tag{3.46}$$

其中 $\max(\boldsymbol{y}^{(k)})$表示 $\boldsymbol{y}^{(k)}$中绝对值最大的分量。例如，若 $\boldsymbol{y}^{(k)}=(1,-6,3)^{\mathrm{T}}$，则 $\max(\boldsymbol{y}^{(k)})=-6$。此时，

$$\boldsymbol{z}^{(k)} = \frac{\boldsymbol{y}^{(k)}}{m_k} = \frac{\boldsymbol{A}\boldsymbol{z}^{(k-1)}}{m_k} = \frac{\boldsymbol{A}}{m_k}\cdot\frac{\boldsymbol{A}\boldsymbol{z}^{(k-2)}}{m_{k-1}} = \frac{\boldsymbol{A}^2\boldsymbol{z}^{(k-2)}}{m_k\cdot m_{k-1}} = \cdots = \frac{\boldsymbol{A}^k\boldsymbol{z}^{(0)}}{\prod\limits_{i=1}^{k} m_i}$$

$$m_k = \max(\boldsymbol{y}^{(k)}) = \max(\boldsymbol{A}\cdot\boldsymbol{z}^{(k-1)}) = \max\left(\boldsymbol{A}\cdot\frac{\boldsymbol{A}^{k-1}\boldsymbol{z}^{(0)}}{\prod\limits_{i=1}^{k-1} m_i}\right) = \frac{\max(\boldsymbol{A}^k\boldsymbol{z}^{(0)})}{\prod\limits_{i=1}^{k-1} m_i}$$

从而有

$$\prod_{i=1}^{k} m_i = \max(\boldsymbol{A}^k \boldsymbol{z}^{(0)})$$

于是

$$\begin{aligned}\boldsymbol{z}^{(k)} &= \frac{\boldsymbol{A}^k \boldsymbol{z}^{(0)}}{\max(\boldsymbol{A}^k \boldsymbol{z}^{(0)})} \\ &= \frac{\boldsymbol{A}^k(\alpha_1 \boldsymbol{x}_1 + \alpha_2 \boldsymbol{x}_2 + \cdots + \alpha_n \boldsymbol{x}_n)}{\max(\boldsymbol{A}^k(\alpha_1 \boldsymbol{x}_1 + \alpha_2 \boldsymbol{x}_2 + \cdots + \alpha_n \boldsymbol{x}_n))}\end{aligned}$$

已知 $\boldsymbol{A}\boldsymbol{x}_i = \lambda_i \boldsymbol{x}_i \ (i=1,2,\cdots,n)$，所以

$$\boldsymbol{A}^2 \boldsymbol{x}_i = \boldsymbol{A} \cdot \boldsymbol{A}\boldsymbol{x}_i = \boldsymbol{A} \cdot \lambda_i \boldsymbol{x}_i = \lambda_i \boldsymbol{A}\boldsymbol{x}_i = \lambda_i^2 \boldsymbol{x}_i \quad (i=1,2,\cdots,n)$$

$$\cdots\cdots$$

$$\boldsymbol{A}^k \boldsymbol{x}_i = \lambda_i^k \boldsymbol{x}_i \quad (i=1,2,\cdots,n)$$

从而有

$$\begin{aligned}\boldsymbol{z}^{(k)} &= \frac{\alpha_1 \lambda_1^k \boldsymbol{x}_1 + \alpha_2 \lambda_2^k \boldsymbol{x}_2 + \cdots + \alpha_n \lambda_n^k \boldsymbol{x}_n}{\max(\alpha_1 \lambda_1^k \boldsymbol{x}_1 + \alpha_2 \lambda_2^k \boldsymbol{x}_2 + \cdots + \alpha_n \lambda_n^k \boldsymbol{x}_n)} \\ &= \frac{\alpha_1 \boldsymbol{x}_1 + \alpha_2 \left(\frac{\lambda_2}{\lambda_1}\right)^k \boldsymbol{x}_2 + \cdots + \alpha_n \left(\frac{\lambda_n}{\lambda_1}\right)^k \boldsymbol{x}_n}{\max\left[\alpha_1 \boldsymbol{x}_1 + \alpha_2 \left(\frac{\lambda_2}{\lambda_1}\right)^k \boldsymbol{x}_2 + \cdots + \alpha_n \left(\frac{\lambda_n}{\lambda_1}\right)^k \boldsymbol{x}_n\right]}\end{aligned}$$

故

$$\lim_{k \to \infty} \boldsymbol{z}^{(k)} = \frac{\alpha_1 \boldsymbol{x}_1}{\max(\alpha_1 \boldsymbol{x}_1)} = \frac{\boldsymbol{x}_1}{\max(\boldsymbol{x}_1)} \tag{3.47}$$

式(3.47)表明，当 $k \to \infty$ 时，$\boldsymbol{z}^{(k)}$ 收敛于 $\boldsymbol{A}$ 的主特征值 λ_1 对应的特征向量 $\frac{\boldsymbol{x}_1}{\max(\boldsymbol{x}_1)}$，其收敛率为 $\left|\frac{\lambda_2}{\lambda_1}\right|$。

$$\begin{aligned}\boldsymbol{y}^{(k)} &= \boldsymbol{A}\boldsymbol{z}^{(k-1)} \\ &= \boldsymbol{A} \cdot \frac{\alpha_1 \lambda_1^{k-1} \boldsymbol{x}_1 + \alpha_2 \lambda_2^{k-1} \boldsymbol{x}_2 + \cdots + \alpha_n \lambda_n^{k-1} \boldsymbol{x}_n}{\max(\alpha_1 \lambda_1^{k-1} \boldsymbol{x}_1 + \alpha_2 \lambda_2^{k-1} \boldsymbol{x}_2 + \cdots + \alpha_n \lambda_n^{k-1} \boldsymbol{x}_n)} \\ &= \frac{\alpha_1 \lambda_1^k \boldsymbol{x}_1 + \alpha_2 \lambda_2^k \boldsymbol{x}_2 + \cdots + \alpha_n \lambda_n^k \boldsymbol{x}_n}{\max(\alpha_1 \lambda_1^{k-1} \boldsymbol{x}_1 + \alpha_2 \lambda_2^{k-1} \boldsymbol{x}_2 + \cdots + \alpha_n \lambda_n^{k-1} \boldsymbol{x}_n)} \\ &= \frac{\lambda_1 \left[\alpha_1 \boldsymbol{x}_1 + \alpha_2 \left(\frac{\lambda_2}{\lambda_1}\right)^k \boldsymbol{x}_2 + \cdots + \alpha_n \left(\frac{\lambda_n}{\lambda_1}\right)^k \boldsymbol{x}_n\right]}{\max\left[\alpha_1 \boldsymbol{x}_1 + \alpha_2 \left(\frac{\lambda_2}{\lambda_1}\right)^{k-1} \boldsymbol{x}_2 + \cdots + \alpha_n \left(\frac{\lambda_n}{\lambda_1}\right)^{k-1} \boldsymbol{x}_n\right]}\end{aligned}$$

于是

$$m_k=\max(\boldsymbol{y}^{(k)})=\frac{\lambda_1\max\left[\alpha_1\boldsymbol{x}_1+\alpha_2\left(\dfrac{\lambda_2}{\lambda_1}\right)^k\boldsymbol{x}_2+\cdots+\alpha_n\left(\dfrac{\lambda_n}{\lambda_1}\right)^k\boldsymbol{x}_n\right]}{\max\left[\alpha_1\boldsymbol{x}_1+\alpha_2\left(\dfrac{\lambda_2}{\lambda_1}\right)^{k-1}\boldsymbol{x}_2+\cdots+\alpha_n\left(\dfrac{\lambda_n}{\lambda_1}\right)^{k-1}\boldsymbol{x}_n\right]}$$

故

$$\lim_{k\to\infty}m_k=\lambda_1 \tag{3.48}$$

式（3.48）表明，当 $k\to\infty$ 时，m_k 收敛于 $\boldsymbol{A}$ 的主特征值 λ_1，它的收敛率也是 $\left|\dfrac{\lambda_2}{\lambda_1}\right|$。

乘幂法算法：

（1）输入实方阵 $\boldsymbol{A}$、非零初始向量 $\boldsymbol{z}$、精度要求 eps 和控制最大迭代次数 r；

（2）k=0，$m_1=\max(\boldsymbol{z})$；

（3）$\boldsymbol{Az}\Rightarrow\boldsymbol{y}$；

（4）$m=\max(\boldsymbol{y})$；

（5）$\boldsymbol{z}=\boldsymbol{y}/m$；

（6）$k=k+1$；

（7）若 $|m-m_1|\leqslant$ eps，则输出主特征值 m 及其对应的特征向量 $\boldsymbol{z}$；

否则若 $k<r$，则做 $m\Rightarrow m_1$，然后转（3）；

否则输出迭代失败信息。

迭代失败有可能是由于所选取的初始向量 $\boldsymbol{z}^{(0)}$ 在表示为 $\boldsymbol{z}^{(0)}=\alpha_1\boldsymbol{x}_1+\alpha_2\boldsymbol{x}_2+\cdots+\alpha_n\boldsymbol{x}_n$ 时，$\alpha_1=0$ 或 $\alpha_1\approx0$，遇到这种情况，只能另换初始向量；也有可能是由于收敛率接近于 1，收敛速度就很慢，这时便需要采用加速技术。

3.6.2 原点位移法

设 $\boldsymbol{B}=\boldsymbol{A}-p\boldsymbol{E}$，其中 p 为可选择的常数——位移量，$\boldsymbol{E}$ 为 n 阶单位阵。若 $\boldsymbol{A}$ 的特征值为 $\lambda_1,\lambda_2,\cdots,\lambda_n$，对应的特征向量为 $\boldsymbol{x}_1,\boldsymbol{x}_2,\cdots,\boldsymbol{x}_n$，则

$$\boldsymbol{Bx}_i=(\boldsymbol{A}-p\boldsymbol{E})\boldsymbol{x}_i=\boldsymbol{Ax}_i-p\boldsymbol{x}_i=(\lambda_i-p)\boldsymbol{x}_i\quad(i=1,2,\cdots,n)$$

即 $\boldsymbol{B}$ 的特征值为 $\lambda_1-p,\lambda_2-p,\cdots,\lambda_n-p$，对应的特征向量仍为 $\boldsymbol{x}_1,\boldsymbol{x}_2,\cdots,\boldsymbol{x}_n$。因此，若要计算 $\boldsymbol{A}$ 的主特征值 λ_1，就应适当地选取位移量 p，使 λ_1-p 是 $\boldsymbol{B}$ 的主特征值，且 $\dfrac{\max\limits_{2\leqslant i\leqslant n}|\lambda_i-p|}{|\lambda_1-p|}<\left|\dfrac{\lambda_2}{\lambda_1}\right|$，然后对 $\boldsymbol{B}$ 使用乘幂法，即可使收敛过程得到加速。这种方法称为原点位移法。

例如，设 n 阶实方阵 $\boldsymbol{A}$ 的特征值为 $\lambda_1=14$，$\lambda_2=13$，$\lambda_3=12$，$\lambda_4=11$。若直接使用乘幂法，其收敛率为 $\left|\dfrac{\lambda_2}{\lambda_1}\right|=\dfrac{13}{14}\approx0.928571$，接近于 1，收敛速度一定很慢；若选取位移量 p=12，则 $\boldsymbol{B}=\boldsymbol{A}-p\boldsymbol{E}=\boldsymbol{A}-12\boldsymbol{E}$ 的特征值为

$$\mu_1=\lambda_1-12=2$$
$$\mu_2=\lambda_2-12=1$$
$$\mu_3=\lambda_3-12=0$$
$$\mu_4=\lambda_4-12=-1$$

于是，用乘幂法计算 $\boldsymbol{B}$ 的主特征值时，其收敛率 $\left|\dfrac{\mu_2}{\mu_1}\right|=\dfrac{1}{2}=0.5$，一定会使收敛速度得到大幅度提高。

原点位移法虽然简单，但在对 $\boldsymbol{A}$ 的特征值的大致分布一无所知的情况下，位移量 p 难以选择，所以实际计算时并不能直接使用该方法，然而这种加速思想却是重要的，常在其他一些加速收敛技术中体现出来。

3.6.3 反幂法

设矩阵 $\boldsymbol{A}$ 非奇异，则由 $\boldsymbol{A}$ 的特征值 λ_i 满足

$$|\lambda_i\boldsymbol{E}-\boldsymbol{A}|=0$$

可知必有

$$\lambda_i\neq 0\quad (i=1,2,\cdots,n)$$

设非奇异矩阵 $\boldsymbol{A}$ 的特征值为 $\lambda_1,\lambda_2,\cdots,\lambda_n$，对应的特征向量为 $\boldsymbol{x}_1,\boldsymbol{x}_2,\cdots,\boldsymbol{x}_n$，即有

$$\boldsymbol{A}\boldsymbol{x}_i=\lambda_i\boldsymbol{x}_i\quad (i=1,2,\cdots,n)$$

于是

$$\boldsymbol{x}_i=\boldsymbol{A}^{-1}\boldsymbol{A}\boldsymbol{x}_i=\boldsymbol{A}^{-1}\lambda_i\boldsymbol{x}_i=\lambda_i\boldsymbol{A}^{-1}\boldsymbol{x}_i$$

即

$$\boldsymbol{A}^{-1}\boldsymbol{x}_i=\frac{1}{\lambda_i}\boldsymbol{x}_i\quad (i=1,2,\cdots,n)\tag{3.49}$$

由式（3.49）可知，$\boldsymbol{A}^{-1}$ 的特征值为 $\dfrac{1}{\lambda_1},\dfrac{1}{\lambda_2},\cdots,\dfrac{1}{\lambda_n}$，对应的特征向量仍为 $\boldsymbol{x}_1,\boldsymbol{x}_2,\cdots,\boldsymbol{x}_n$。当 $\boldsymbol{A}$ 的特征值满足 $|\lambda_1|\geqslant\cdots\geqslant|\lambda_{n-1}|>|\lambda_n|$ 时，$\boldsymbol{A}^{-1}$ 的特征值满足 $\left|\dfrac{1}{\lambda_n}\right|>\left|\dfrac{1}{\lambda_{n-1}}\right|\geqslant\cdots\geqslant\left|\dfrac{1}{\lambda_1}\right|$。

任取初始向量 $\boldsymbol{z}^{(0)}$，对 $\boldsymbol{A}^{-1}$ 用乘幂法

$$\begin{cases}\boldsymbol{y}^{(k)}=\boldsymbol{A}^{-1}\boldsymbol{z}^{(k-1)}\\ m_k=\max(\boldsymbol{y}^{(k)})\\ \boldsymbol{z}^{(k)}=\boldsymbol{y}^{(k)}/m_k\end{cases}\quad (k=1,2,\cdots)\tag{3.50}$$

则必有

$$\lim_{k\to\infty}m_k=\frac{1}{\lambda_n}$$
$$\lim_{k\to\infty}\boldsymbol{z}^{(k)}=\frac{\boldsymbol{x}_n}{\max(\boldsymbol{x}_n)}$$

由此求得 $\boldsymbol{A}^{-1}$ 的主特征值 $\dfrac{1}{\lambda_n}$ 及其对应的特征向量 $\dfrac{\boldsymbol{x}_n}{\max(\boldsymbol{x}_n)}$，也就是求出了 $\boldsymbol{A}$ 的绝对值最

小的特征值 λ_n 及其对应的特征向量 $\dfrac{\boldsymbol{x}_n}{\max(\boldsymbol{x}_n)}$。这种方法称为反幂法，其收敛率为 $\left|\dfrac{\lambda_n}{\lambda_{n-1}}\right|$。

在反幂法式（3.50）中需要已知 $\boldsymbol{A}$ 的逆矩阵 $\boldsymbol{A}^{-1}$。为了避免求 $\boldsymbol{A}^{-1}$，可以通过解线性方程组

$$\boldsymbol{A}\boldsymbol{y}^{(k)}=\boldsymbol{z}^{(k-1)}$$

来求得 $\boldsymbol{y}^{(k)}$。

反幂法算法：

（1）输入实方阵 $\boldsymbol{A}$、非零初始向量 z、精度要求 eps 和控制最大迭代次数 r；

（2）$k=0$，$m_1=\max(z)$；

（3）通过解线性方程组 $\boldsymbol{A}\boldsymbol{y}=\boldsymbol{z}$ 求得 $\boldsymbol{y}$；

（4）$m=\max(\boldsymbol{y})$；

（5）$\boldsymbol{z}=\boldsymbol{y}/m$；

（6）$k=k+1$；

（7）若 $|m-m_1|\leqslant$ eps，则输出 $\boldsymbol{A}$ 的绝对值最小的特征值 m 及其对应的特征向量 z；

否则若 $k<r$，则做 $m\Rightarrow m_1$，然后转（3）；

否则输出迭代失败信息。

每迭代一次就要解一次线性方程组，所以可事先对 $\boldsymbol{A}$ 进行 $\boldsymbol{LU}$ 分解 $\boldsymbol{A}=\boldsymbol{LU}$，则每次迭代只需解两个三角形方程组

$$\begin{cases}\boldsymbol{L}\boldsymbol{v}^{(k)}=\boldsymbol{z}^{(k-1)}\\ \boldsymbol{U}\boldsymbol{y}^{(k)}=\boldsymbol{v}^{(k)}\end{cases}$$

反幂法主要用于已知矩阵的某个特征值的近似值，求它所对应的特征向量，并改进这个特征值。

如果已知 $\boldsymbol{A}$ 的特征值 λ_m 的一个近似值 $\bar{\lambda}_m$，则通常有

$$0<\left|\lambda_m-\bar{\lambda}_m\right|<<\left|\lambda_i-\bar{\lambda}_m\right|\quad(i\neq m)$$

按原点位移法的思想，取位移量 $p=\bar{\lambda}_m$，则 $\boldsymbol{A}-\bar{\lambda}_m\boldsymbol{E}$ 的特征值是 $\lambda_i-\bar{\lambda}_m\ (i=1,2,\cdots,n)$，对应的特征向量仍为 $\boldsymbol{x}_1,\boldsymbol{x}_2,\cdots,\boldsymbol{x}_n$，而 $\boldsymbol{A}-\bar{\lambda}_m\boldsymbol{E}$ 的绝对值最小的特征值就是 $\lambda_m-\bar{\lambda}_m$。

选取非零初始向量 $z^{(0)}$，然后对 $\boldsymbol{A}-\bar{\lambda}_m\boldsymbol{E}$ 使用反幂法

$$\begin{cases}(\boldsymbol{A}-\bar{\lambda}_m\boldsymbol{E})\boldsymbol{y}^{(k)}=\boldsymbol{z}^{(k-1)}\\ m_k=\max(\boldsymbol{y}^{(k)})\\ \boldsymbol{z}^{(k)}=\boldsymbol{y}^{(k)}/m_k\end{cases}\qquad(k=1,2,\cdots)$$

则有

$$\lim_{k\to\infty}m_k=\frac{1}{\lambda_m-\bar{\lambda}_m}$$

$$\lim_{k\to\infty}\boldsymbol{z}^{(k)}=\frac{\boldsymbol{x}_m}{\max(\boldsymbol{x}_m)}$$

其收敛率为 $\left|\dfrac{\lambda_m-\bar{\lambda}_m}{\lambda_j-\bar{\lambda}_m}\right|$ $\left(其中\left|\lambda_j-\bar{\lambda}_m\right|=\min\limits_{i\neq m}\left|\lambda_i-\bar{\lambda}_m\right|\right)$。这个比值一般很小，所以迭代过程收敛很快，往往只需迭代两三次就可以达到较高的精度。于是，当 k 较大时，有

$$z^{(k)} \approx \frac{\boldsymbol{x}_m}{\max(\boldsymbol{x}_m)}$$

$$m_k \approx \frac{1}{\lambda_m - \bar{\lambda}_m}$$

即

$$\lambda_m \approx \bar{\lambda}_m + \frac{1}{m_k}$$

习　题　3

3.1　用高斯消去法解线性方程组时，为什么要使用选主元的技术？

3.2　分别用高斯消去法和列主元高斯消去法求解下列方程组。

（1）$\begin{bmatrix} 2 & 3 & 5 \\ 3 & 4 & 7 \\ 1 & 3 & 3 \end{bmatrix}\begin{bmatrix} x_1 \\ x_2 \\ x_3 \end{bmatrix}=\begin{bmatrix} 5 \\ 6 \\ 5 \end{bmatrix}$；　（2）$\begin{bmatrix} 2 & 2 & 3 \\ 4 & 7 & 7 \\ -2 & 4 & 5 \end{bmatrix}\begin{bmatrix} x_1 \\ x_2 \\ x_3 \end{bmatrix}=\begin{bmatrix} 3 \\ 1 \\ -7 \end{bmatrix}$；

（3）$\begin{bmatrix} 1 & 1 & 0 & -4 \\ -1 & 1 & 1 & 3 \\ 1 & 3 & 5 & -4 \\ 0 & 1 & 2 & -1 \end{bmatrix}\begin{bmatrix} x_1 \\ x_2 \\ x_3 \\ x_4 \end{bmatrix}=\begin{bmatrix} 1 \\ -2 \\ -4 \\ -2 \end{bmatrix}$。

3.3　编写用列主元高斯消去法求解线性方程组 $\boldsymbol{Ax=b}$ 的通用程序，并做偏差校验，同时求出系数矩阵行列式值。以下列方程组为例试算。

（1）$\begin{bmatrix} 0.2641 & 0.1735 & 0.8642 \\ 0.9411 & -0.0175 & 0.1463 \\ -0.8641 & -0.4243 & 0.0711 \end{bmatrix}\begin{bmatrix} x_1 \\ x_2 \\ x_3 \end{bmatrix}=\begin{bmatrix} -0.7521 \\ 0.6310 \\ 0.2501 \end{bmatrix}$；

（2）$\begin{bmatrix} 1 & 2 & 1 & -2 \\ 2 & 5 & 3 & -2 \\ -2 & -2 & 3 & 5 \\ 1 & 3 & 2 & 5 \end{bmatrix}\begin{bmatrix} x_1 \\ x_2 \\ x_3 \\ x_4 \end{bmatrix}=\begin{bmatrix} -1 \\ 3 \\ 15 \\ 9 \end{bmatrix}$；

（3）$\begin{bmatrix} 1.1161 & 0.1254 & 0.1397 & 0.1490 \\ 0.1582 & 1.1675 & 0.1768 & 0.1871 \\ 0.1968 & 0.2071 & 1.2168 & 0.2271 \\ 0.2368 & 0.2471 & 0.2568 & 1.2671 \end{bmatrix}\begin{bmatrix} x_1 \\ x_2 \\ x_3 \\ x_4 \end{bmatrix}=\begin{bmatrix} 1.5471 \\ 1.6471 \\ 1.7471 \\ 1.8471 \end{bmatrix}$。

3.4　用列主元高斯-约当消去法求 $\boldsymbol{A}^{-1}$。

（1）$\boldsymbol{A}=\begin{bmatrix} 2 & 1 & 0 \\ 0 & 2 & 1 \\ 3 & 0 & 2 \end{bmatrix}$；　（2）$\boldsymbol{A}=\begin{bmatrix} 2 & 1 & -3 & -1 \\ 3 & 1 & 0 & 7 \\ -1 & 2 & 4 & -2 \\ 1 & 0 & -1 & 5 \end{bmatrix}$。

3.5　编制用列主元高斯-约当消去法求矩阵 $\boldsymbol{A}$ 的逆矩阵的通用程序。以下列矩阵为例试算。

（1）$\boldsymbol{A}=\begin{bmatrix}1 & 2 & 3\\ 2 & 3 & 5\\ 3 & 5 & 6\end{bmatrix}$；　（2）$\boldsymbol{A}=\begin{bmatrix}5 & 4.5 & 3 & 1 & 1.2\\ 4 & 5 & 1 & 2 & 2.3\\ 3 & 3 & 8 & 4 & 3.4\\ 2 & 2 & 4 & 9 & 4.8\\ 1 & 1 & 1 & 3 & 10\end{bmatrix}$；

（3）$\boldsymbol{A}=\begin{bmatrix}10 & 5 & 4 & 3 & 2 & 1\\ -1 & 10 & 5 & 4 & 3 & 2\\ -2 & -1 & 10 & 5 & 4 & 3\\ -3 & -2 & -1 & 10 & 5 & 4\\ -4 & -3 & -2 & -1 & 10 & 5\\ -5 & -4 & -3 & -2 & -1 & 10\end{bmatrix}$。

3.6　何谓矩阵的 ***LU*** 分解？当矩阵 $\boldsymbol{A}$ 满足什么条件时，可对其作 ***LU*** 分解？

3.7　对以下矩阵进行直接 ***LU*** 分解。

（1）$\begin{bmatrix}2 & 0 & 1\\ -3 & 4 & -2\\ 1 & 7 & -5\end{bmatrix}$；　（2）$\begin{bmatrix}1 & 2 & 3 & 4\\ 1 & 3 & 4 & 5\\ 2 & 1 & 4 & 4\\ 2 & 3 & 2 & 5\end{bmatrix}$；　（3）$\begin{bmatrix}2 & -1 & 0 & 0\\ -3 & 5 & 1 & 0\\ 0 & 2 & 4 & -1\\ 0 & 0 & 7 & 10\end{bmatrix}$。

3.8　编制用 ***LU*** 分解法求解线性方程组 $\boldsymbol{Ax=b}$ 的通用程序。以下列方程组为例试算。

（1）$\begin{bmatrix}2 & 2 & 3\\ 4 & 7 & 7\\ -2 & 4 & 5\end{bmatrix}\begin{bmatrix}x_1\\ x_2\\ x_3\end{bmatrix}=\begin{bmatrix}3\\ 1\\ -7\end{bmatrix}$；　（2）$\begin{bmatrix}1 & 0.17 & -0.25 & 0.54\\ 0.47 & 1 & 0.67 & -0.32\\ -0.11 & 0.35 & 1 & -0.74\\ 0.55 & 0.43 & 0.36 & 1\end{bmatrix}\begin{bmatrix}x_1\\ x_2\\ x_3\\ x_4\end{bmatrix}=\begin{bmatrix}0.3\\ 0.5\\ 0.7\\ 0.9\end{bmatrix}$；

（3）$\begin{bmatrix}1 & 0.8324 & 0.7675 & 0.9831\\ 0.8324 & 0.6930 & 0.6400 & 0.8190\\ 0.7675 & 0.6400 & 0.5911 & 0.7580\\ 0.9831 & 0.8190 & 0.7580 & 0.0055\end{bmatrix}\begin{bmatrix}x_1\\ x_2\\ x_3\\ x_4\end{bmatrix}=\begin{bmatrix}0.3832\\ 0.3184\\ 0.2944\\ -0.5884\end{bmatrix}$。

3.9　编制用追赶法解三对角形方程组的通用程序，并做偏差校验。以下列方程组为例试算。

（1）$\begin{bmatrix}5 & 1 & \\ 1 & 5 & 1\\ & 1 & 5\end{bmatrix}\begin{bmatrix}x_1\\ x_2\\ x_3\end{bmatrix}=\begin{bmatrix}17\\ 14\\ 7\end{bmatrix}$；　（2）$\begin{bmatrix}2 & -1 & & & \\ -1 & 2 & -1 & & \\ & -1 & 2 & -1 & \\ & & -1 & 2 & -1\\ & & & -1 & 2\end{bmatrix}\begin{bmatrix}x_1\\ x_2\\ x_3\\ x_4\\ x_5\end{bmatrix}=\begin{bmatrix}1\\ 0\\ 0\\ 0\\ 0\end{bmatrix}$；

（3）$\begin{bmatrix} 136.01 & 90.860 & & \\ 90.860 & 98.810 & -67.590 & \\ & -67.590 & 132.01 & 46.260 \\ & & 46.260 & 177.17 \end{bmatrix}\begin{bmatrix} x_1 \\ x_2 \\ x_3 \\ x_4 \end{bmatrix}=\begin{bmatrix} -33.254 \\ 49.709 \\ 28.067 \\ -7.324 \end{bmatrix}$。

3.10　已知 $\boldsymbol{x}=(1,-8,-2,6)^{\mathrm{T}}$，求 $\|\boldsymbol{x}\|_1,\|\boldsymbol{x}\|_2,\|\boldsymbol{x}\|_\infty$。

3.11　已知 $\boldsymbol{A}=\begin{bmatrix} -2 & -1 \\ 2 & 1 \end{bmatrix}$，求 $\|\boldsymbol{A}\|_1,\|\boldsymbol{A}\|_2,\|\boldsymbol{A}\|_\infty$。

3.12　编制用雅可比迭代法和高斯-塞德尔迭代法求解线性方程组 $\boldsymbol{Ax=b}$ 的通用程序，并输出迭代次数。精度要求为 10^{-5}。以下列方程组为例试算。

（1）$\begin{bmatrix} 27 & 6 & -1 \\ 6 & 15 & 2 \\ 1 & 1 & 54 \end{bmatrix}\begin{bmatrix} x_1 \\ x_2 \\ x_3 \end{bmatrix}=\begin{bmatrix} 85 \\ 72 \\ 110 \end{bmatrix}$；　（2）$\begin{bmatrix} 5 & -1 & -1 & -1 \\ -1 & 10 & -1 & -1 \\ -1 & -1 & 5 & -1 \\ -1 & -1 & -1 & 10 \end{bmatrix}\begin{bmatrix} x_1 \\ x_2 \\ x_3 \\ x_4 \end{bmatrix}=\begin{bmatrix} -4 \\ 12 \\ 8 \\ 34 \end{bmatrix}$；

（3）$\begin{bmatrix} 4 & -1 & 0 & -1 & 0 & 0 \\ -1 & 4 & -1 & 0 & -1 & 0 \\ 0 & -1 & 4 & -1 & 0 & -1 \\ -1 & 0 & -1 & 4 & -1 & 0 \\ 0 & -1 & 0 & -1 & 4 & -1 \\ 0 & 0 & -1 & 0 & -1 & 4 \end{bmatrix}\begin{bmatrix} x_1 \\ x_2 \\ x_3 \\ x_4 \\ x_5 \\ x_6 \end{bmatrix}=\begin{bmatrix} 2 \\ 1 \\ 2 \\ 2 \\ 1 \\ 2 \end{bmatrix}$。

3.13　判断用雅可比迭代法和高斯-塞德尔迭代法解下列线性方程组时是否收敛。

（1）$\begin{bmatrix} 5 & 2 & 1 \\ -1 & 4 & 2 \\ 2 & -3 & 10 \end{bmatrix}\begin{bmatrix} x_1 \\ x_2 \\ x_3 \end{bmatrix}=\begin{bmatrix} -12 \\ 20 \\ 3 \end{bmatrix}$；　（2）$\begin{bmatrix} 2 & -1 & 1 \\ 1 & 1 & 1 \\ 1 & 1 & -2 \end{bmatrix}\begin{bmatrix} x_1 \\ x_2 \\ x_3 \end{bmatrix}=\begin{bmatrix} 1 \\ 1 \\ 1 \end{bmatrix}$；

3.14　用乘幂法计算下列各矩阵的主特征值及其对应的特征向量，精度要求为 10^{-3}。

（1）$\begin{bmatrix} 2 & -1 & 0 \\ -1 & 2 & -1 \\ 0 & -1 & 2 \end{bmatrix}$；　（2）$\begin{bmatrix} 2 & 3 & 2 \\ 10 & 3 & 4 \\ 3 & 6 & 1 \end{bmatrix}$；　（3）$\begin{bmatrix} 10 & 1 & 2 & 3 & 4 \\ 1 & 9 & -1 & 2 & -3 \\ 2 & -1 & 7 & 3 & -5 \\ 3 & 2 & 3 & 12 & -1 \\ 4 & -3 & -5 & -1 & 15 \end{bmatrix}$。

3.15　用反幂法求矩阵

$$\begin{bmatrix} 6 & 2 & 1 \\ 2 & 3 & 1 \\ 1 & 1 & 1 \end{bmatrix}$$

的最接近于 6 的特征值及其对应的特征向量。

第 4 章　插值与拟合

在生产实践和科学技术领域中，常常要研究反映自然规律的函数关系，而遇到的函数关系往往没有明显的解析表达式，只给出了根据实验、观测或其他方法确定的函数表，即只给出了在若干离散点 $x_0, x_1, x_2, \cdots, x_n$ 处的函数值 $y_0, y_1, y_2, \cdots, y_n$。这样的数据不便于分析和使用，因此，希望用一个简单函数 $\varphi(x)$ 为这些离散数组建立连续模型，这样就可以分析函数的性质，也可以求出不在表中的任一点处函数值的近似值。

确定简单函数 $\varphi(x)$ 的方法有两类，一类是插值法，另一类是拟合法，或称逼近法。

4.1　插值法概述

4.1.1　插值法基本概念

若要求函数 $\varphi(x)$ 满足条件 $\varphi(x_i)=y_i\ (i=0,1,2,\cdots,n)$，则寻求 $\varphi(x)$ 的问题称为插值问题。简单地说，插值的目的就是根据给定的数据表，寻找一个解析形式的简单函数 $\varphi(x)$ 近似地代替 $f(x)$。

设函数 $y=f(x)$ 在已知点 $x_0, x_1, x_2, \cdots, x_n$（其中 $x_i \neq x_j$，$i \neq j$ 时）处对应的函数值为 $y_0, y_1, y_2, \cdots, y_n$，若存在一个简单函数 $y=\varphi(x)$，使得

$$\varphi(x_i) = y_i \quad (i=0,1,2,\cdots,n) \tag{4.1}$$

成立，则称 $y=\varphi(x)$ 为 $f(x)$ 的插值函数，$f(x)$ 称为被插函数，点 $x_i\ (i=0,1,2,\cdots,n)$ 称为插值节点（或称结点），包含插值节点的区间 $[\min\limits_i\{x_i\}, \max\limits_i\{x_i\}]$ 称为插值区间，而关系式（4.1）称为插值条件。由于 $\varphi(x)$ 的选择不同，故会产生不同类型的插值问题。若 $\varphi(x)$ 为代数多项式，则称为代数插值；若 $\varphi(x)$ 为三角多项式，则称为三角插值；若 $\varphi(x)$ 为有理函数，则称为有理插值。最常用的是代数插值，因为代数多项式有一些很好的特性，如有任意阶的导数，计算多项式的值比较方便等。本章只讨论代数插值。

4.1.2　代数插值多项式的存在唯一性

设函数 $y=f(x)$ 在 $n+1$ 个互异节点 $x_0, x_1, x_2, \cdots, x_n$ 上的函数值为 $y_0, y_1, y_2, \cdots, y_n$，代数插值问题即为求次数不超过 n 的代数多项式 $P_n(x)$，使其满足插值条件

$$P_n(x_i) = y_i \quad (i=0,1,2,\cdots,n) \tag{4.2}$$

那么，这样的多项式是否存在呢？若存在是否唯一呢？

设 $P_n(x) = a_0 + a_1 x + a_2 x^2 + \cdots + a_n x^n$，只要确定 $a_0, a_1, a_2, \cdots, a_n$，即可确定 $P_n(x)$。将 $x_0, x_1, x_2, \cdots, x_n$ 代入 $P_n(x)$，因其满足插值条件，故应有

$$\begin{cases} a_0 + a_1x_0 + a_2x_0^2 + \cdots + a_nx_0^n = y_0 \\ a_0 + a_1x_1 + a_2x_1^2 + \cdots + a_nx_1^n = y_1 \\ \cdots\cdots \\ a_0 + a_1x_n + a_2x_n^2 + \cdots + a_nx_n^n = y_n \end{cases} \tag{4.3}$$

这是一个 n+1 阶的方程组，未知数是 $a_0, a_1, a_2, \cdots, a_n$，其系数矩阵所对应的行列式为

$$\begin{vmatrix} 1 & x_0 & x_0^2 & \cdots & x_0^n \\ 1 & x_1 & x_1^2 & \cdots & x_1^n \\ \vdots & \vdots & \vdots & & \vdots \\ 1 & x_n & x_n^2 & \cdots & x_n^n \end{vmatrix}$$

其转置是著名的范德蒙行列式。由于各节点互异，故其值 $\prod_{i=1}^{n}\prod_{j=0}^{i-1}(x_i - x_j) \neq 0$，于是线性方程组（4.3）的解存在且唯一，即满足插值条件（4.2）且次数不超过 n 的代数多项式 $P_n(x)$存在且唯一。

对于 n+1 个节点，作一个次数不超过 n 的多项式是唯一的，但若不限制多项式的次数，取 $\varphi(x) = P_n(x) + \alpha(x)(x - x_0)(x - x_1)\cdots(x - x_n)$，其中 $\alpha(x)$ 为任意多项式，则 $\varphi(x)$ 亦为满足插值条件（4.2）的多项式，而 $\varphi(x)$ 是有无穷多个的。

4.2　线性插值与二次插值

从 4.1 节插值多项式唯一性的证明可以看到，求插值多项式 $P_n(x)$，可以通过解方程组来得到，但这样做计算量太大。为了求得便于使用的简单的插值多项式 $P_n(x)$，先讨论最简单的情形——线性插值与二次插值。

4.2.1　线性插值

设被插函数为 $f(x)$，在两个节点 x_0 和 x_1 上的函数值为 y_0 和 y_1，要求 $f(x)$的次数不超过一次的插值多项式 $P_1(x)$，使其满足插值条件（4.2），即要求 $P_1(x)$经过点(x_0, y_0)和(x_1, y_1)，那么从几何上看，$P_1(x)$就是经过这两点所作的一条直线，这条直线可以用点斜式表示为

$$y = y_0 + \frac{y_1 - y_0}{x_1 - x_0}(x - x_0)$$

也可以化为下面的形式

$$y = \frac{x - x_1}{x_0 - x_1}y_0 + \frac{x - x_0}{x_1 - x_0}y_1$$

于是得到了两种形式的线性插值函数：

（1）
$$P_1(x) = y_0 + \frac{y_1 - y_0}{x_1 - x_0}(x - x_0) \tag{4.4}$$

其中，$\frac{y_1 - y_0}{x_1 - x_0} = \frac{f(x_1) - f(x_0)}{x_1 - x_0}$ 称为一阶均差或差商，记为 $f[x_0, x_1]$，这种形式为牛顿均

差插值多项式的形式。

（2）
$$P_1(x)=\frac{x-x_1}{x_0-x_1}y_0+\frac{x-x_0}{x_1-x_0}y_1 \tag{4.5}$$

记

$$l_0(x)=\frac{x-x_1}{x_0-x_1},\quad l_1(x)=\frac{x-x_0}{x_1-x_0}$$

$l_0(x)$和 $l_1(x)$称为线性插值基函数，它们满足

$$l_0(x)=\begin{cases}1, & x=x_0\\ 0, & x=x_1\end{cases}$$

$$l_1(x)=\begin{cases}0, & x=x_0\\ 1, & x=x_1\end{cases}$$

于是 $P_1(x)$可以表示为插值基函数的线性组合

$$P_1(x)=l_0(x)y_0+l_1(x)y_1 \tag{4.6}$$

这种形式就是拉格朗日（Lagrange）插值多项式的形式。

4.2.2　二次插值

设被插函数 $y=f(x)$在三个节点 x_0, x_1, x_2 上的函数值为 y_0, y_1, y_2，现在求 $y=f(x)$的不超过二次的插值多项式

$$P_2(x)=a_0+a_1x+a_2x^2$$

使其满足 $P_2(x_0)=y_0, P_2(x_1)=y_1, P_2(x_2)=y_2$。$P_1(x)$是 $y=f(x)$的满足插值条件 $P_1(x_0)=y_0, P_1(x_1)=y_1$ 的线性插值多项式，设 $P_2(x)=P_1(x)+g(x)$，其中 $g(x)$待定。由 $P_2(x_0)=y_0, P_2(x_1)=y_1$ 及 $P_1(x_0)=y_0$, $P_1(x_1)=y_1$ 可知，$g(x_0)=g(x_1)=0$，而 $P_2(x)$ 又是不超过二次的多项式，故必有 $g(x)=A(x-x_0)(x-x_1)$，其中 A 为常数，可由条件 $P_2(x_2)=y_2$ 确定，由 $y_2=P_1(x_2)+A(x_2-x_1)(x_2-x_0)$ 得

$$A=\frac{\dfrac{y_2-y_1}{x_2-x_1}-\dfrac{y_1-y_0}{x_1-x_0}}{x_2-x_0}=\frac{f[x_1,x_2]-f[x_0,x_1]}{x_2-x_0}$$

记 $f[x_0,x_1,x_2]=\dfrac{f[x_1,x_2]-f[x_0,x_1]}{x_2-x_0}$，称为二阶均差。于是 $P_2(x)$可以写成下面两种形式：

（1）牛顿基本插值公式：

$$P_2(x)=f(x_0)+f[x_0,x_1](x-x_0)+f[x_0,x_1,x_2](x-x_0)(x-x_1)$$

（2）Lagrange 插值多项式：

$$P_2(x)=\frac{(x-x_1)(x-x_2)}{(x_0-x_1)(x_0-x_2)}y_0+\frac{(x-x_0)(x-x_2)}{(x_1-x_0)(x_1-x_2)}y_1+\frac{(x-x_0)(x-x_1)}{(x_2-x_0)(x_2-x_1)}y_2$$

记

$$l_0(x)=\frac{(x-x_1)(x-x_2)}{(x_0-x_1)(x_0-x_2)}$$

$$l_1(x)=\frac{(x-x_0)(x-x_2)}{(x_1-x_0)(x_1-x_2)}$$

$$l_2(x)=\frac{(x-x_0)(x-x_1)}{(x_2-x_0)(x_2-x_1)}$$

于是

$$P_2(x)=l_0(x)y_0+l_1(x)y_1+l_2(x)y_2 \tag{4.7}$$

其中，$l_i(x)$ $(i=0,1,2)$ 称为二次插值基函数，满足

$$l_i(x_k)=\begin{cases}1, & i=k\\ 0, & i\neq k\end{cases}\quad (i,k=0,1,2)$$

可以看出，虽然 $P_1(x), P_2(x)$是唯一的，但其表示形式并不唯一，即有拉格朗日插值多项式和牛顿均差插值多项式这两种不同的表示形式。

4.3　拉格朗日插值多项式

4.3.1　拉格朗日插值多项式的定义

对一次和二次的插值多项式，可以表示成插值基函数的线性组合，如式（4.6）和式（4.7）。这种用插值基函数表示的方法容易推广到一般情形。已知函数 $y=f(x)$在 $n+1$ 个互异节点 $x_0, x_1, x_2, \cdots, x_n$ 上的函数值为 $y_0, y_1, y_2, \cdots, y_n$，现在求满足插值条件

$$L_n(x_i)=y_i\quad (i=0,1,2,\cdots,n) \tag{4.8}$$

的次数不超过 n 的插值多项式 $L_n(x)$，为此，先定义 n 次插值基函数。

定义 4.1　若 n 次插值多项式 $l_i(x)$ $(i=0,1,2,\cdots,n)$在 $n+1$ 个互异节点 $x_0, x_1, x_2,\cdots, x_n$ 上满足条件

$$l_i(x_k)=\begin{cases}1, & k=i\\ 0, & k\neq i\end{cases}\quad (i,k=0,1,2,\cdots,n)$$

则称这 $n+1$ 个 n 次多项式 $l_i(x)$ $(i=0,1,2,\cdots,n)$为节点 $x_0,x_1,x_2,\cdots,x_n$ 上的 n 次插值基函数。

由定义可知，必有

$$l_i(x)=A_i(x-x_0)(x-x_1)\cdots(x-x_{i-1})(x-x_{i+1})\cdots(x-x_n)\quad (i=0,1,2,\cdots,n)$$

再由条件 $l_i(x_i)=1$ 可得

$$A_i=\frac{1}{(x_i-x_0)(x_i-x_1)\cdots(x_i-x_{i-1})(x_i-x_{i+1})\cdots(x_i-x_n)}$$

于是插值基函数为

$$l_i(x)=\frac{(x-x_0)(x-x_1)\cdots(x-x_{i-1})(x-x_{i+1})\cdots(x-x_n)}{(x_i-x_0)(x_i-x_1)\cdots(x_i-x_{i-1})(x_i-x_{i+1})\cdots(x_i-x_n)}\quad (i=0,1,2,\cdots,n)$$

即

$$l_i(x)=\prod_{\substack{j=0\\ j\neq i}}^{n}\frac{x-x_j}{x_i-x_j}\quad (i=0,1,2,\cdots,n)$$

由这 $n+1$ 个插值基函数作简单的线性组合就可以得到拉格朗日插值多项式

$$L_n(x)=\sum_{i=0}^{n} l_i(x)y_i \tag{4.9}$$

式（4.9）使用了全部节点，所以也叫拉格朗日全程插值。它的优点是表达式的规律性强，比较好记。引入记号

$$\omega_{n+1}(x)=(x-x_0)(x-x_1)(x-x_2)\cdots(x-x_n)$$

则容易求得

$$\omega'_{n+1}(x_i)=(x_i-x_0)(x_i-x_1)\cdots(x_i-x_{i-1})(x_i-x_{i+1})\cdots(x_i-x_n)$$

于是，拉格朗日插值多项式也可以表示为

$$L_n(x)=\sum_{i=0}^{n}\frac{\omega_{n+1}(x)}{(x-x_i)\omega'_{n+1}(x_i)}y_i$$

例 4.1　已知函数 $y=f(x)$的观测数据，见表 4-1。

表 4-1

k	0	1	2	3
x_k	1	2	3	4
y_k	4	5	14	37

试求其 Lagrange 插值多项式。

解　由表知，共有 4 个节点，所以 $n=3$，于是所求拉格朗日插值多项式为

$$\begin{aligned}L_3(x)&=\sum_{i=0}^{3} l_i(x)y_i\\&=\frac{(x-2)(x-3)(x-4)}{(1-2)(1-3)(1-4)}\times 4+\frac{(x-1)(x-3)(x-4)}{(2-1)(2-3)(2-4)}\times 5\\&\quad+\frac{(x-1)(x-2)(x-4)}{(3-1)(3-2)(3-4)}\times 14+\frac{(x-1)(x-2)(x-3)}{(4-1)(4-2)(4-3)}\times 37\\&=x^3-2x^2+5\end{aligned}$$

例 4.2　已知函数 $y=f(x)$的观测数据，见表 4-2。

表 4-2

k	0	1	2
x_k	0	1	2
y_k	1	3	5

试求其拉格朗日插值多项式。

解　由题知，共有 3 个节点，所以 $n=2$，于是所求拉格朗日插值多项式为

$$\begin{aligned}L_2(x)&=\frac{(x-x_1)(x-x_2)}{(x_0-x_1)(x_0-x_2)}y_0+\frac{(x-x_0)(x-x_2)}{(x_1-x_0)(x_1-x_2)}y_1+\frac{(x-x_0)(x-x_1)}{(x_2-x_0)(x_2-x_1)}y_2\\&=\frac{(x-1)(x-2)}{(0-1)(0-2)}\times 1+\frac{(x-0)(x-2)}{(1-0)(1-2)}\times 3+\frac{(x-0)(x-1)}{(2-0)(2-1)}\times 5\\&=2x+1\end{aligned}$$

此例说明，$P_n(x)$的次数可能小于 n。

拉格朗日全程插值算法：

（1）输入插值节点(x_i, y_i) (i=0,1,2, …,n) 及插值点 t。

（2）赋初值 p=0。

（3）k=0,1,2,…,n，

① s=1；

② i=0,1,2, …,n，

若 $i \neq k$，则 $s\dfrac{t-x_i}{x_k-x_i} \Rightarrow s$

③ $p + y_k s \Rightarrow p$。

（4）输出 p。

4.3.2　插值多项式的余项

若在$[a,b]$区间上用 $L_n(x)$近似 $f(x)$，则其截断误差为 $R_n(x)=f(x)-L_n(x)$，称为插值多项式的余项。

定理 4.1　设 $f^{(n)}(x)$ 在$[a,b]$上连续，$f^{(n+1)}(x)$ 在(a,b)内存在，节点满足 $a \leqslant x_0 < x_1 < \cdots < x_n \leqslant b$，$L_n(x)$是满足条件（4.8）的插值多项式，则对任意 $x \in [a,b]$，插值余项为

$$R_n(x) = \frac{f^{(n+1)}(\xi_x)}{(n+1)!}\omega_{n+1}(x) \tag{4.10}$$

其中，$\xi_x \in (a,b)$，$\omega_{n+1}(x) = (x-x_0)(x-x_1)\cdots(x-x_n)$。

证　（1）当 $x=x_i$ (i=0,1,2, …,n)时，由插值条件知 $L_n(x_i)=y_i$，因此 $R_n(x_i)=0$，结论成立。

（2）任取 $x \in [a,b]$ 且 $x \neq x_i$ (i=0,1,2, …,n)，固定 x，考虑函数

$$F(t) = f(t) - L_n(t) - \frac{\omega_{n+1}(t)}{\omega_{n+1}(x)}(f(x) - L_n(x))$$

则 $F^{(n)}(t)$在$[a,b]$上连续，$F^{(n+1)}(t)$在(a,b)内存在，且 $F(t)$在点 $x_0, x_1, x_2, \cdots, x_n$ 及 x 处均为零，即 $F(t)$在$[a,b]$上有 n+2 个零点，由罗尔（Rolle）定理可知，$F'(t)$ 在 $F(t)$的两个零点之间至少有一个零点，故 $F'(t)$ 在(a,b)内至少有 n+1 个零点。对 $F'(t)$ 再应用 Rolle 定理可知，$F''(t)$ 在(a,b)内至少有 n 个零点，依此类推，$F^{(n+1)}(t)$ 在(a,b)内至少有 1 个零点（记为 ξ_x），使 $F^{(n+1)}(\xi_x) = 0$。而

$$F^{(n+1)}(t) = f^{(n+1)}(t) - \frac{(n+1)!}{\omega_{n+1}(x)}R_n(x)$$

即有

$$f^{(n+1)}(\xi_x) - \frac{(n+1)!}{\omega_{n+1}(x)}R_n(x) = 0$$

由此可得

$$R_n(x) = \frac{f^{(n+1)}(\xi_x)}{(n+1)!}\omega_{n+1}(x), \quad \xi_x \in (a,b)$$

由定理 4.1 可以得到以下结论：

（1）插值多项式本身只与插值节点及 $f(x)$ 在这些点上的函数值有关，而与函数 $f(x)$ 并没有太多关系，但余项 $R_n(x)$ 却与 $f(x)$ 联系紧密。

（2）如果 $f(x)$ 为次数不超过 n 的多项式，那么以 $n+1$ 个点为节点的插值多项式就一定是其本身，即 $p_n(x)=f(x)$，这是因为此时 $R_n(x)=0$。

定理 4.1 用起来有一定的困难，因为实际计算时 $f(x)$ 并不知道，所以 $f^{(n+1)}(\xi_x)$ 也就无法得到。下面介绍另一种估计办法。

设给出 $n+2$ 个插值节点 $x_0, x_1, x_2, \cdots, x_n, x_{n+1}$，$[a,b]$ 是包含这些节点的任意一个区间，任选其中的 $n+1$ 个节点，如选 $x_0, x_1, x_2, \cdots, x_n$，构造一个不超过 n 次的插值多项式 $\varphi_n^{(1)}(x)$；另选一组 $n+1$ 个节点（至少有一个点不同），如 $x_1, x_2, \cdots, x_n, x_{n+1}$，再构造一个不超过 n 次的插值多项式 $\varphi_n^{(2)}(x)$，根据定理 4.1 有

$$f(x)-\varphi_n^{(1)}(x)=\frac{f^{(n+1)}(\xi_1)}{(n+1)!}(x-x_0)(x-x_1)\cdots(x-x_n)$$

$$f(x)-\varphi_n^{(2)}(x)=\frac{f^{(n+1)}(\xi_2)}{(n+1)!}(x-x_1)(x-x_2)\cdots(x-x_{n+1})$$

若 $f^{(n+1)}(x)$ 在插值区间内连续且变化不大，则有

$$\frac{f(x)-\varphi_n^{(1)}(x)}{f(x)-\varphi_n^{(2)}(x)}\approx\frac{x-x_0}{x-x_{n+1}}$$

由此可以得到

$$f(x)\approx\frac{x-x_{n+1}}{x_0-x_{n+1}}\varphi_n^{(1)}(x)+\frac{x-x_0}{x_{n+1}-x_0}\varphi_n^{(2)}(x)$$

于是

$$f(x)-\varphi_n^{(1)}(x)\approx\frac{x-x_0}{x_0-x_{n+1}}(\varphi_n^{(1)}(x)-\varphi_n^{(2)}(x))$$

即插值函数 $\varphi_n^{(1)}(x)$ 和函数 $f(x)$ 的误差可以通过两个插值函数之差来估计，这种用计算的结果来估计误差的办法，称为事后误差估计。

4.4　均差与牛顿基本插值公式

4.4.1　均差、均差表及均差性质

拉格朗日插值多项式形式对称，计算比较方便，但当节点数目增加时，必须重新计算。为了克服这个缺点，引进均差插值多项式，也称为牛顿基本插值公式。牛顿基本插值公式是代数插值多项式的另一种形式，与拉格朗日插值公式比较，它的优点是减少了运算次数，当节点数目增加时使用方便。

1. 均差（差商）的定义及其性质

设连续函数 $y=f(x)$ 在 $n+1$ 个互异节点 $x_0, x_1, x_2, \cdots, x_n$ 上对应的函数值为 $y_0, y_1, y_2, \cdots,$

y_n，定义

$$\frac{y_{i+1}-y_i}{x_{i+1}-x_i}$$

为函数 $f(x)$关于 x_i,x_{i+1} 的一阶均差（或差商），记为 $f[x_i,x_{i+1}]$。$f[x_i,x_{i+1}]$ 实际上是 $y=f(x)$ 在区间$[x_i,x_{i+1}]$上的平均变化率。一般地称

$$\frac{y_i-y_j}{x_i-x_j}\quad (i\neq j)$$

为函数 $f(x)$关于 x_i,x_j 的一阶均差，记为 $f[x_j,x_i]$，即

$$f[x_j,x_i]=\frac{y_i-y_j}{x_i-x_j}\quad (i\neq j)$$

$$\frac{f[x_j,x_k]-f[x_i,x_j]}{x_k-x_i}\quad (x_i\neq x_k)$$

称为函数 $f(x)$关于 x_i,x_j,x_k 的二阶均差，记为 $f[x_i,x_j,x_k]$，即

$$f[x_i,x_j,x_k]=\frac{f[x_j,x_k]-f[x_i,x_j]}{x_k-x_i}$$

同理，可以依次定义下去。设 $f[x_0,x_1,\cdots,x_{k-1}]$ 与 $f[x_1,x_2,\cdots,x_k]$ 分别为函数 $f(x)$关于 $x_0,x_1,\cdots,x_{k-1}$ 及关于 $x_1,x_2,\cdots,x_k$ 的 $k-1$ 阶均差，则称

$$\frac{f[x_1,x_2,\cdots,x_k]-f[x_0,x_1,\cdots,x_{k-1}]}{x_k-x_0}$$

为函数 $f(x)$关于 $x_0,x_1,x_2,\cdots,x_k$ 的 k 阶均差，记为 $f[x_0,x_1,\cdots,x_k]$，即

$$f[x_0,x_1,x_2,\cdots,x_k]=\frac{f[x_1,x_2,\cdots,x_k]-f[x_0,x_1,\cdots,x_{k-1}]}{x_k-x_0}$$

2. *均差表*

通常在构造插值多项式时，先构造一个如表 4-3 形式的均差表。在求表中数据时，要特别注意分母的值是哪两个节点的差。用数学归纳法可以证明，$f(x)$关于点 x_0，x_1，x_2，$\cdots$，x_k 的 k 阶均差是 $f(x)$在这些点上的函数值的线性组合，即

$$f[x_0,x_1,\cdots,x_k]=\sum_{i=0}^{k}\frac{f(x_i)}{(x_i-x_0)(x_i-x_1)\cdots(x_i-x_{i-1})(x_i-x_{i+1})\cdots(x_i-x_k)}$$

这个性质还表明，均差与节点的排列次序无关，故称为均差的对称性。即

$$f[x_0,x_1,\cdots,x_k]=f[x_1,x_0,x_2,\cdots,x_k]=\cdots=f[x_1,x_2,\cdots,x_k,x_0]$$

表 4-3

x_k	y_k	一阶均差	二阶均差	…	n 阶均差
x_0	y_0				
		$f[x_0,x_1]=\frac{y_1-y_0}{x_1-x_0}$			

续表

x_k	y_k	一阶均差	二阶均差	…	n 阶均差
x_1	y_1		$f[x_0,x_1,x_2]$ $=\dfrac{f[x_1,x_2]-f[x_0,x_1]}{x_2-x_0}$		
		$f[x_1,x_2]=\dfrac{y_2-y_1}{x_2-x_1}$			
x_2	y_2		$f[x_1,x_2,x_3]$ $=\dfrac{f[x_2,x_3]-f[x_1,x_2]}{x_3-x_1}$		
⋮	⋮	⋮	⋮	⋮	$f[x_0,x_1,\cdots,x_n]$ $=\dfrac{f[x_1,x_2,\cdots,x_n]-f[x_0,x_1,\cdots,x_{n-1}]}{x_n-x_0}$
x_{n-1}	y_{n-1}		$f[x_{n-2},x_{n-1},x_n]$ $=\dfrac{f[x_{n-1},x_n]-f[x_{n-2},x_{n-1}]}{x_n-x_{n-2}}$		
		$f[x_{n-1},x_n]=\dfrac{y_n-y_{n-1}}{x_n-x_{n-1}}$			
x_n	y_n				

例 4.3　根据已知数据（表 4-4）构造均差表。

表 4-4

i	0	1	2	3	4	5
x_i	0	2	3	5	6	1
y_i	0	8	27	125	216	1

解　均差表见表 4-5。

表 4-5

x_i	y_i	一阶均差	二阶均差	三阶均差	四阶均差	五阶均差
0	0					
		$\dfrac{8-0}{2-0}=4$				
2	8		$\dfrac{19-4}{3-0}=5$			
		$\dfrac{27-8}{3-2}=19$		$\dfrac{10-5}{5-0}=1$		

续表

x_i	y_i	一阶均差	二阶均差	三阶均差	四阶均差	五阶均差
3	27		$\frac{49-19}{5-2}=10$		$\frac{1-1}{6-0}=0$	
		$\frac{125-27}{5-3}=49$		$\frac{14-10}{6-2}=1$		$\frac{0-0}{1-0}=0$
5	125		$\frac{91-49}{6-3}=14$		$\frac{1-1}{1-2}=0$	
		$\frac{216-125}{6-5}=91$		$\frac{12-14}{1-3}=1$		
6	216		$\frac{43-91}{1-5}=12$			
		$\frac{1-216}{1-6}=43$				
1	1					

4.4.2　牛顿基本插值公式

设已知函数 $y=f(x)$在 $n+1$ 个互异节点 $x_0, x_1, x_2, \cdots, x_n$ 上的函数值为 $y_0, y_1, y_2, \cdots, y_n$。由 4.2 节可知，当 n=1 或 2 时，可分别有如下形式的插值多项式：

$$P_1(x)=f(x_0)+f[x_0,x_1](x-x_0)$$

和

$$P_2(x)=f(x_0)+f[x_0,x_1](x-x_0)+f[x_0,x_1,x_2](x-x_0)(x-x_1)$$

由此可以推测，插值多项式可能有如下的一般形式

$$\begin{aligned}P_n(x)=&f(x_0)+f[x_0,x_1](x-x_0)+\cdots\\&+f[x_0,x_1,\cdots,x_n](x-x_0)(x-x_1)\cdots(x-x_{n-1})\end{aligned} \tag{4.11}$$

现在来证明这个推测是正确的。任取 $x\neq x_i$ (i=0,1,2,⋯,n)，由一阶均差的定义有

$$f[x,x_0]=\frac{f(x)-f(x_0)}{x-x_0}$$

于是

$$f(x)=f(x_0)+f[x,x_0](x-x_0) \tag{4.12}$$

由二阶均差的定义有

$$f[x,x_0,x_1]=\frac{f[x,x_0]-f[x_0,x_1]}{x-x_1}$$

于是

$$f[x,x_0]=f[x_0,x_1]+(x-x_1)f[x,x_0,x_1]$$

这样依次做下去就有

$$f[x,x_0,x_1]=f[x_0,x_1,x_2]+(x-x_2)f[x,x_0,x_1,x_2]$$

……

$$f[x,x_0,x_1,\cdots,x_{n-1}]=f[x_0,x_1,\cdots x_n]+(x-x_n)f[x,x_0,x_1,\cdots,x_n]$$

将以上各式依次代入式（4.12），可得

$$f(x)=f(x_0)+f[x_0,x_1](x-x_0)+f[x_0,x_1,x_2](x-x_0)(x-x_1)+\cdots$$
$$+f[x_0,x_1,\cdots,x_n](x-x_0)(x-x_1)\cdots(x-x_{n-1})$$
$$+f[x,x_0,x_1,\cdots x_n](x-x_0)(x-x_1)\cdots(x-x_n)$$

记

$$R_n(x)=f[x,x_0,x_1,\cdots,x_n](x-x_0)(x-x_1)\cdots(x-x_n)$$

于是

$$f(x)=P_n(x)+R_n(x) \tag{4.13}$$

其中 $P_n(x)$为前面所推测的插值多项式（4.11）。

由 $R_n(x)$的表示式

$$R_n(x)=f[x,x_0,x_1,\cdots,x_n]\prod_{i=0}^{n}(x-x_i)$$

可知，对任意的 x_i (i=0,1,2,⋯,n)，都有

$$R_n(x_i)=0 \quad (i=0,1,2,\cdots,n)$$

于是由式（4.13）有

$$P_n(x_i)=f(x_i) \quad (i=0,1,2,\cdots,n)$$

即 $P_n(x)$满足插值条件，所以 $P_n(x)$是 $f(x)$的插值多项式，式（4.11）称为牛顿基本插值公式，也叫均差插值多项式。这个公式具有递推性：

$$P_{k+1}(x)=P_k(x)+f[x_0,x_1,\cdots,x_{k+1}](x-x_0)(x-x_1)\cdots(x-x_k)$$

于是当节点增加时，只要在后面多加一项或几项就可以了，而不必像拉格朗日插值多项式那样每一项都要重新计算。$p_n(x)$ 的各项系数就是均差表的各阶均差，对应表 4-3 中最上面一条斜线上的值。

均差插值多项式算法：

（1）输入插值节点 x_i , y_i (i=0,1,2,⋯,n)及插值点 t。

（2）k=1,2,⋯,n,

i=n,n−1,⋯, k,

$$\frac{y_i-y_{i-1}}{x_i-x_{i-k}}\Rightarrow y_i$$

（3）$y_0\Rightarrow p,1\Rightarrow h$ 。

（4）i=1,2, ⋯,n,

$$h\cdot(t-x_{i-1})\Rightarrow h,p+h\cdot y_i\Rightarrow p$$

（5）输出 p。

例 4.4　构造例 4.3 中 $f(x)$的均差插值多项式。

解　由均差表 4-3 得，均差插值多项式为

$$\begin{aligned}p_n(x)&=f(x_0)+f[x_0,x_1](x-x_0)+f[x_0,x_1,x_2](x-x_0)(x-x_1)\\&\quad+f[x_0,x_1,x_2,x_3](x-x_0)(x-x_1)(x-x_2)\\&=0+4(x-0)+5(x-0)(x-2)+1(x-0)(x-2)(x-3)\\&=x^3\end{aligned}$$

4.4.3　均差插值多项式的余项

均差插值多项式 $P_n(x)$的余项为

$$R_n(x)=f[x,x_0,x_1,\cdots,x_n]\prod_{i=0}^{n}(x-x_i)$$

由插值多项式的唯一性可知，拉格朗日插值多项式与均差插值多项式的余项应是相等的，所以有

$$f[x,x_0,x_1,\cdots,x_n]\prod_{i=0}^{n}(x-x_i)=\frac{f^{(n+1)}(\xi_x)}{(n+1)!}\prod_{i=0}^{n}(x-x_i)$$

即

$$f[x,x_0,x_1,\cdots,x_n]=\frac{f^{(n+1)}(\xi_x)}{(n+1)!}$$

由此可得均差与导数的关系

$$f[x_0,x_1,x_2,\cdots,x_k]=\frac{f^{(k)}(\xi)}{k!} \tag{4.14}$$

4.5　差分与等距节点插值公式

在牛顿基本插值公式中，插值节点 $x_0,x_1,x_2,\cdots,x_n$ 一般是不等距的，当插值节点是等距分布时，均差插值多项式的形式可以得到进一步简化，为此首先引进差分的概念。

4.5.1　差分与差分表

1. *差分*

定义 4.2　设函数 $y=f(x)$在 $n+1$ 个等距节点 $x_k=x_0+kh$ 上的函数值为 $y_k=f(x_k)$ $(k=0,1,2,\cdots,n)$（h 为常数，称为步长），则函数在每一小区间$[x_k,x_{k+1}]$上的增量

$$\Delta y_k=y_{k+1}-y_k \quad (k=0,1,2,\cdots,n-1)$$

称为函数 $y=f(x)$在点 x_k 上的一阶差分。

与均差一样，差分也可以递推定义。

$\Delta y_{k+1}-\Delta y_k$ 称为函数 $f(x)$在 x_k 上的二阶差分，记为 $\Delta^2 y_k$，即

$$\Delta^2 y_k=\Delta y_{k+1}-\Delta y_k \quad (k=0,1,2,\cdots,n-2)$$

一般地，将

$$\Delta^m y_k=\Delta^{m-1}y_{k+1}-\Delta^{m-1}y_k \quad (k=0,1,2,\cdots,n-m)$$

称为函数 $f(x)$在 x_k 上的 m 阶差分。

2. *差分表*

计算差分时，可以用如表 4-6 所示的差分表。

各阶差分中所含的系数正好是二项式展开系数，所以 n 阶差分的计算公式为

$$\Delta^n y_k = y_{n+k} - \binom{n}{1} y_{n+k-1} + \binom{n}{2} y_{n+k-2} + \cdots + (-1)^s \binom{n}{s} y_{n+k-s} + \cdots + (-1)^n y_k$$

其中，$\binom{n}{s} = \dfrac{n(n-1)\cdots(n-s+1)}{s!}$。

表 4-6

x_k	y_k	一阶差分	二阶差分	…	n−1 阶差分	n 阶差分
x_0	y_0					
		$\Delta y_0=y_1-y_0$				
x_1	y_1		$\Delta^2 y_0=\Delta y_1-\Delta y_0$ $=y_2-2y_1+y_0$			
		$\Delta y_1=y_2-y_1$				
x_2	y_2		$\Delta^2 y_1=\Delta y_2-\Delta y_1$ $=y_3-2y_2+y_1$			
		$\Delta y_2=y_3-y_2$			$\Delta^{n-1} y_0$ $=\Delta^{n-2} y_1-\Delta^{n-2} y_0$	
						$\Delta^n y_0$ $=\Delta^{n-1} y_1-\Delta^{n-1} y_0$
⋮	⋮	⋮	⋮		$\Delta^{n-1} y_1$ $=\Delta^{n-2} y_2-\Delta^{n-2} y_1$	
			$\Delta^2 y_{n-2}=\Delta y_{n-1}-\Delta y_{n-2}$ $=y_n-2y_{n-1}+y_{n-2}$			
x_{n-1}	y_{n-1}					
		$\Delta y_{n-1}=y_n-y_{n-1}$				
x_n	y_n					

3. 差分与均差及导数的关系

$$f[x_0,x_1] = \frac{f(x_1)-f(x_0)}{x_1-x_0} = \frac{\Delta y_0}{h}$$

$$f[x_0,x_1,x_2] = \frac{f[x_1,x_2]-f[x_0,x_1]}{x_2-x_0} = \frac{\dfrac{\Delta y_1}{1h}-\dfrac{\Delta y_0}{1h}}{2h} = \frac{\Delta^2 y_0}{2!h^2}$$

$$f[x_0,x_1,x_2,x_3] = \frac{f[x_1,x_2,x_3]-f[x_0,x_1,x_2]}{x_3-x_0} = \frac{\dfrac{\Delta^2 y_1}{2h^2}-\dfrac{\Delta^2 y_0}{2h^2}}{3h} = \frac{\Delta^3 y_0}{3!h^3}$$

依此类推，可得均差与差分的关系

$$f[x_0,x_1,\cdots,x_k] = \frac{\Delta^k y_0}{k!h^k}$$

再由均差与导数的关系式（4.14）便得到差分与导数的关系

$$\frac{\Delta^k y_0}{h^k} = f^{(k)}(\xi)$$

4.5.2　等距节点插值公式

在等距节点的前提下，将牛顿基本插值公式（4.11）中的各阶均差用差分替换，便可得到等距节点插值公式

$$\begin{aligned}P_n(x)&=f(x_0)+f[x_0,x_1](x-x_0)+f[x_0,x_1,x_2](x-x_0)(x-x_1)+\cdots\\&\quad+f[x_0,x_1,\cdots,x_n](x-x_0)(x-x_1)\cdots(x-x_{n-1})\\&=f(x_0)+\frac{\Delta y_0}{h}(x-x_0)+\frac{\Delta^2 y_0}{2!h^2}(x-x_0)(x-x_1)+\cdots\\&\quad+\frac{\Delta^n y_0}{n!h^n}(x-x_0)(x-x_1)\cdots(x-x_{n-1})\end{aligned}$$

令 $t=\dfrac{x-x_0}{h}$，则 $x=x_0+th$， $x-x_k=(t-k)h\,(k=0,1,2,\cdots,n)$，于是上式可改写为

$$P_n(x_0+th)=y_0+\frac{\Delta y_0}{1!}t+\frac{\Delta^2 y_0}{2!}t(t-1)+\cdots+\frac{\Delta^n y_0}{n!}t(t-1)\cdots(t-(n-1)) \tag{4.15}$$

其余项为

$$R_n(x)=\frac{f^{(n+1)}(\xi_x)}{(n+1)!}\prod_{i=0}^{n}(x-x_i)=\frac{h^{n+1}}{(n+1)!}f^{(n+1)}(\xi_x)t(t-1)\cdots(t-n)$$

式（4.15）称为牛顿向前插值公式，它适用于求等距节点表头附近点处的函数值。实际计算时首先做差分表，公式中所用到的各阶差分值就是差分表 4-6 中最上面一条斜线上的值。

如果要计算等距节点表尾附近点处的函数值，可将插值节点次序由大到小排列，即 $x_0,x_{-1}=x_0-h,x_{-2}=x_0-2h,\cdots,x_{-n}=x_0-nh$，$h$ 仍为步长，此时

$$f[x_0,x_{-1}]=\frac{y_0-y_{-1}}{x_0-x_{-1}}=\frac{\Delta y_{-1}}{h}$$

$$f[x_0,x_{-1},x_{-2}]=\frac{\Delta^2 y_{-2}}{2h^2}$$

……

$$f[x_0,x_{-1},x_{-2},\cdots,x_{-n}]=\frac{\Delta^n y_{-n}}{n!h^n}$$

代入牛顿基本插值公式（4.11），并令 $t=\dfrac{x-x_0}{h}$，则得

$$p_n(x_0+th)=y_0+\frac{t}{1!}\Delta y_{-1}+\frac{t(t+1)}{2!}\Delta^2 y_{-2}+\cdots+\frac{t(t+1)\cdots(t+n-1)}{n!}\Delta^n y_{-n} \tag{4.16}$$

这就是牛顿向后插值公式。它适用于计算函数表末端附近点处的函数值。式中用到的差分值就是差分表 4-6 中最下面一条斜线上的值。

例 4.5　已知函数表，见表 4-7。

表 4-7

k	0	1	2	3	4	5	6
x_k	0.0	0.2	0.4	0.6	0.8	1.0	1.2
$f(x_k)$	0.0	0.203	0.423	0.684	1.03	1.557	2.572

求$f(0.3)$与$f(1.1)$。

解　利用函数表做差分表，见表 4-8。

表 4-8

x	$f(x)$	一阶差分	二阶差分	三阶差分	四阶差分	五阶差分	六阶差分
0.0	0.0						
		0.203					
0.2	0.203		0.017				
		0.220		0.024			
0.4	0.423		0.041		0.020		
		0.261		0.044		0.032	
0.6	0.684		0.085		0.052		0.127
		0.346		0.096		0.159	
0.8	1.030		0.181		0.211		
		0.527		0.307			
1.0	1.557		0.488				
		1.015					
1.2	2.572						

计算$f(0.3)$时用牛顿向前插值公式，取$x_0=0.0$，$h=0.2$，于是

$$t=\frac{x-x_0}{h}=\frac{0.3-0.0}{0.2}=1.5$$

利用式（4.15）可得

$$\begin{aligned}P_6(x_0+th)&=y_0+\frac{\Delta y_0}{1!}t+\frac{\Delta^2 y_0}{2!}t(t-1)+\frac{\Delta^3 y_0}{3!}t(t-1)(t-2)\\&+\frac{\Delta^4 y_0}{4!}t(t-1)(t-2)(t-3)+\frac{\Delta^5 y_0}{5!}t(t-1)(t-2)(t-3)(t-4)\\&+\frac{\Delta^6 y_0}{6!}t(t-1)(t-2)(t-3)(t-4)(t-5)\end{aligned}$$

所以有

$$\begin{aligned}f(0.3)&\approx p_6(0.3)\\&=0+\frac{0.203}{1!}\times1.5+\frac{0.017}{2!}\times1.5\times(1.5-1)\\&+\frac{0.024}{3!}\times1.5\times(1.5-1)(1.5-2)+\frac{0.020}{4!}\times1.5\times(1.5-1)(1.5-2)(1.5-3)\end{aligned}$$

$$+\frac{0.032}{5!}\times 1.5\times(1.5-1)(1.5-2)(1.5-3)(1.5-4)$$
$$+\frac{0.127}{6!}\times 1.5\times(1.5-1)(1.5-2)(1.5-3)(1.5-4)(1.5-5)$$
$$\approx 0.310337$$

再利用牛顿向后插值公式计算$f(1.1)$处的值。取$x_0=1.2$，h=0.2，于是

$$t=\frac{x-x_0}{h}=\frac{1.1-1.2}{0.2}=-0.5$$

由公式（4.16）可得

$$p_6(x_0+th)=y_0+\frac{\Delta y_{-1}}{1!}t+\frac{\Delta^2 y_{-2}}{2!}t(t+1)+\frac{\Delta^3 y_{-3}}{3!}t(t+1)(t+2)$$
$$+\frac{\Delta^4 y_{-4}}{4!}t(t+1)(t+2)(t+3)+\frac{\Delta^5 y_{-5}}{5!}t(t+1)(t+2)(t+3)(t+4)$$
$$+\frac{\Delta^6 y_{-6}}{6!}t(t+1)(t+2)(t+3)(t+4)(t+5)$$

$$f(1.1)\approx p_6(1.1)$$
$$=2.572+\frac{1.015}{1}\times(-0.5)+\frac{0.488}{2!}\times(-0.5)(-0.5+1)$$
$$+\frac{0.307}{3!}(-0.5)(-0.5+1)(-0.5+2)+\frac{0.211}{4!}(-0.5)(-0.5+1)(-0.5+2)(-0.5+3)$$
$$+\frac{0.159}{5!}(-0.5)(-0.5+1)(-0.5+2)(-0.5+3)(-0.5+4)$$
$$+\frac{0.127}{6!}(-0.5)(-0.5+1)(-0.5+2)(-0.5+3)(-0.5+4)(-0.5+5)$$
$$\approx 1.969118$$

4.6　分段低次插值

4.6.1　高次插值的缺陷

在求插值多项式的时候，通常为了获得更好的逼近效果，应多选一些节点，使节点之间的距离较小，这时如果采用整体插值，则所得关于给定函数$f(x)$的插值多项式$P(x)$的次数一定很高，称为高次插值。高次插值尽管使$P(x)$在较多点上与$f(x)$相等，但在相邻节点之间未必能很好地逼近$f(x)$，有时甚至差异很大。

下面给出一个由龙格（Runge）提供的著名的例子。

例 4.6　设定义在区间[−1,1]上的函数

$$f(x)=\frac{1}{1+25x^2}$$

对每个n (n=1,2,⋯)，由节点集

$$S_n=\left\{x_i=-1+\frac{2i}{n}\,\middle|\, i=0,1,\cdots,n\right\}$$

决定了 $f(x)$的一个拉格朗日插值多项式

$$L_n(x)=\sum_{i=0}^{n}\frac{1}{1+25x_i^2}l_i(x)$$

插值多项式序列 $L_n(x)$在区间$[a,b]$上并不收敛于 $f(x)$，图 4-1 中给出了 $f(x)$与 $L_{10}(x)$的图像。可以看出，在$[-0.2,0.2]$上 $L_{10}(x)$能较好地逼近 $f(x)$，而在其他点处 $L_{10}(x)$逼近 $f(x)$已无意义。特别地，在 $x=\pm1$ 附近，$L_{10}(x)$偏离 $f(x)$甚远，如 $f(-0.96)=0.0416$，而 $L_{10}(-0.96)=1.8044$。等距节点高次插值时，区间两端数据产生激烈的振荡，出现函数不收敛的现象，这种现象称为“龙格现象”。

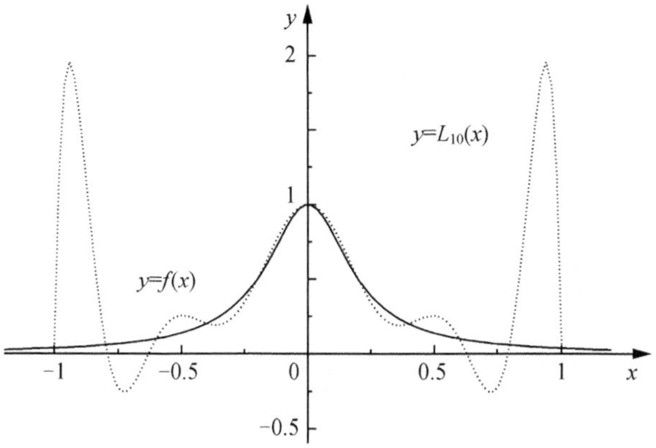

图 4-1

另外，高次插值如果利用高阶均差或差分，那么计算的舍入误差可能造成严重的影响，原因是函数值微小的变化可能引起高阶均差或差分很大的变动。

由于以上原因，在用多项式插值时，不宜选用高次插值。那么解决问题的一个有效途径就是分段低次插值。

4.6.2　分段线性插值

分段线性插值非常简单，在几何上就是用一条折线逼近曲线。

1. 分段线性插值的定义

定义 4.3　设函数 $f(x)$在区间$[a,b]$上有定义，对$[a,b]$上的 $n+1$ 个插值节点 $x_0<x_1<\cdots<x_n$，及其相应的函数值 $y_0,y_1,\cdots,y_n$，若有 $\varphi(x)$ 满足：

（1） $\varphi(x_i)=y_i\ (i=0,1,2,\cdots,n)$；

（2） $\varphi(x)$ 在区间$[x_i,x_{i+1}]$ $(i=0,1,2,\cdots,n-1)$上为线性函数。

则称 $\varphi(x)$ 为区间$[a,b]$上关于节点 $x_0,x_1,\cdots,x_n$ 的分段线性插值函数。

利用拉格朗日线性插值的结果，只要确定出插值点 x 所在区间，便可求出对应的函数值。取插值基函数 $l_i(x)$为

$$l_0(x)=\begin{cases}\dfrac{x-x_1}{x_0-x_1}, & x\in[x_0,x_1]\\ 0, & x\in(x_1,x_n]\end{cases}$$

$$l_i(x)=\begin{cases}\dfrac{x-x_{i-1}}{x_i-x_{i-1}}, & x\in[x_{i-1},x_i]\\ \dfrac{x-x_{i+1}}{x_i-x_{i+1}}, & x\in(x_i,x_{i+1}]\\ 0, & x\notin[x_{i-1},x_{i+1}]\end{cases}\quad (i=1,2\cdots,n-1)$$

$$l_n(x)=\begin{cases}0, & x\in[x_0,x_{n-1})\\ \dfrac{x-x_{n-1}}{x_n-x_{n-1}}, & x\in[x_{n-1},x_n]\end{cases}$$

则 $\varphi(x)=\sum\limits_{i=0}^{n}l_i(x)y_i$ 。

由于在每个子区间$[x_i,x_{i+1}]$上，$\varphi(x)$ 都是一次式，且 $\varphi(x_i)=y_i$，$\varphi(x_{i+1})=y_{i+1}$，故在子区间$[x_i, x_{i+1}]$上的线性插值多项式为

$$\varphi(x)=\frac{x_{i+1}-x}{h_i}y_i+\frac{x-x_i}{h_i}y_{i+1},\quad x_i\leqslant x\leqslant x_{i+1}$$

其中 $h_i=x_{i+1}-x_i$ 。

2. 分段线性插值的余项估计

定理 4.2 设给定节点为 $x_0<x_1<\cdots<x_n$，$f(x_i)=y_i(i=0,1,2\cdots,n)$，$f''(x)$ 在$[a,b]$上存在，则对任意的 $x\in[a,b]$，有

$$|R(x)|=|f(x)-\varphi(x)|\leqslant\frac{h^2M_2}{8}$$

其中，$h=\max\limits_{1\leqslant i\leqslant n}|x_i-x_{i-1}|$，$M_2=\max\limits_{x\in[a,b]}|f''(x)|$。

证明从略。

4.6.3 分段埃尔米特插值

分段线性插值函数实际上是一条折线，它能保证分段点处的连续性，但导数却是间断的，若在节点处除了给出函数值外还提供了导数值，则可进行分段埃尔米特插值。

1. 埃尔米特插值

定义 4.4 设有两个节点 x_0、x_1，$x_0<x_1$，已知 $y_k=f(x_k)$，$m_k=f'(x_k)$ $(k=0,1)$，在区间$[x_0,x_1]$上作多项式 $H(x)$，使其满足插值条件

$$H(x_k)=y_k,\quad H'(x_k)=m_k\quad (k=0,1)$$

那么，$H(x)$应是不超过 3 次的多项式，称为埃尔米特（Hermite）三次插值多项式。

为求 $H(x)$，可借鉴拉格朗日插值法构造插值基函数的思想，为此可令

$$H(x)=y_0\alpha_0(x)+y_1\alpha_1(x)+m_0\beta_0(x)+m_1\beta_1(x)$$

其中，$\alpha_0(x)$、$\alpha_1(x)$、$\beta_0(x)$、$\beta_1(x)$ 为三次插值基函数，且

$$\alpha_0(x_k)=\begin{cases}1, & k=0\\ 0, & k=1\end{cases}，\quad \alpha_1(x_k)=\begin{cases}0, & k=0\\ 1, & k=1\end{cases}$$

$$\alpha_0'(x_k)=\alpha_1'(x_k)=0, \quad k=0,1$$

$$\beta_0(x_k)=\beta_1(x_k)=0, \quad k=0,1$$

$$\beta_0'(x_k)=\begin{cases}1, & k=0\\ 0, & k=1\end{cases}，\quad \beta_1'(x_k)=\begin{cases}0, & k=0\\ 1, & k=1\end{cases}$$

用待定系数法不难求得

$$\alpha_0(x)=\left(1+2\frac{x-x_0}{x_1-x_0}\right)\left(\frac{x-x_1}{x_0-x_1}\right)^2，\quad \alpha_1(x)=\left(1+2\frac{x-x_1}{x_0-x_1}\right)\left(\frac{x-x_0}{x_1-x_0}\right)^2$$

$$\beta_0(x)=(x-x_0)\left(\frac{x-x_1}{x_0-x_1}\right)^2，\quad \beta_1(x)=(x-x_1)\left(\frac{x-x_0}{x_1-x_0}\right)^2$$

于是，当仅有两个节点 x_0、x_1 时，埃尔米特插值公式为

$$H_3(x)=\left(1+2\frac{x-x_0}{x_1-x_0}\right)\left(\frac{x-x_1}{x_0-x_1}\right)^2 y_0+\left(1+2\frac{x-x_1}{x_0-x_1}\right)\left(\frac{x-x_0}{x_1-x_0}\right)^2 y_1$$

$$+(x-x_0)\left(\frac{x-x_1}{x_0-x_1}\right)^2 m_0+(x-x_1)\left(\frac{x-x_0}{x_1-x_0}\right)^2 m_1$$

如果 $f(x)$ 的四阶导数存在，那么插值余项为

$$R(x)=f(x)-H_3(x)=\frac{f^{(4)}(\xi_x)}{4!}(x-x_0)^2(x-x_1)^2，\quad \xi_x\in(x_0,x_1)，\quad \forall x\in[x_0,x_1]$$

2. 分段三次埃尔米特插值

定义 4.5　设已知函数 $f(x)$ 在区间 $[a,b]$ 上的 $n+1$ 个节点 $x_0<x_1<\cdots<x_n$ 上的函数值 y_i 及导数值 $y'_i\ (i=0,1,\cdots,n)$，如果分段函数 $H_h(x)$ 满足

（1）$H_h(x)$ 在每一个子区间 $[x_{i-1},x_i]\ (i=1,2,\cdots,n)$ 上是三次多项式；

（2）$H_h(x)$ 在 $[a,b]$ 上一次连续可微；

（3）$H_h(x_i)=y_i$，$H'_h(x_i)=y'_i\quad (i=0,1,\cdots,n)$。

则称 $H_h(x)$ 为 $f(x)$ 在区间 $[a,b]$ 上的分段三次埃尔米特插值多项式。

把两个节点 x_0、x_1 上的埃尔米特插值的讨论结果，用于区间 $[x_{i-1}, x_i]$ 上，不难构造插值基函数：

$$\alpha_0(x)=\begin{cases}\left(1+2\dfrac{x-x_0}{x_1-x_0}\right)\left(\dfrac{x-x_1}{x_0-x_1}\right)^2, & x\in[x_0,x_1]\\ 0, & x\notin[x_0,x_1]\end{cases}$$

$$\alpha_i(x)=\begin{cases}\left(1+2\dfrac{x-x_i}{x_{i-1}-x_i}\right)\left(\dfrac{x-x_{i-1}}{x_i-x_{i-1}}\right)^2, & x\in[x_{i-1},x_i]\\ \left(1+2\dfrac{x-x_i}{x_{i+1}-x_i}\right)\left(\dfrac{x-x_{i+1}}{x_i-x_{i+1}}\right)^2, & x\in(x_i,x_{i+1}]\\ 0, & x\notin[x_{i-1},x_{i+1}]\end{cases}\quad (i=1,2,\cdots,n-1)$$

$$\alpha_n(x)=\begin{cases}0, & x\notin[x_{n-1},x_n]\\ \left(1+2\dfrac{x-x_n}{x_{n-1}-x_n}\right)\left(\dfrac{x-x_{n-1}}{x_n-x_{n-1}}\right)^2, & x\in[x_{n-1},x_n]\end{cases}$$

$$\beta_0(x)=\begin{cases}(x-x_0)\left(\dfrac{x-x_1}{x_0-x_1}\right)^2, & x\in[x_0,x_1]\\ 0, & x\notin[x_0,x_1]\end{cases}$$

$$\beta_i(x)=\begin{cases}(x-x_i)\left(\dfrac{x-x_{i-1}}{x_i-x_{i-1}}\right)^2, & x\in[x_{i-1},x_i]\\ (x-x_i)\left(\dfrac{x-x_{i+1}}{x_i-x_{i+1}}\right)^2, & x\in(x_i,x_{i+1}]\\ 0, & x\notin[x_{i-1},x_{i+1}]\end{cases}\quad (i=1,2,\cdots,n-1)$$

$$\beta_n(x)=\begin{cases}0, & x\notin[x_{n-1},x_n]\\ (x-x_n)\left(\dfrac{x-x_{n-1}}{x_n-x_{n-1}}\right)^2, & x\in[x_{n-1},x_n]\end{cases}$$

于是

$$H_h(x)=\sum_{i=0}^{n}[\alpha_i(x)y_i+\beta_i(x)y_i']$$

3. 分段三次埃尔米特插值的余项

定理 4.3 设给定节点 $x_0<x_1<\cdots<x_n$ 上的函数值 y_i 及导数值 $y'_i\,(i=0,1,\cdots,n)$。$f^{(4)}(x)$在$[a,b]$上连续，则对任意 $x\in[a,b]$ 有

$$|R(x)|=|f(x)-H(x)|\leqslant\frac{M_4h^4}{384}$$

其中，$M_4=\max\limits_{a\leqslant x\leqslant b}|f^{(4)}(x)|$，$h=\max\limits_{1\leqslant i\leqslant n}(x_i-x_{i-1})$。

证明从略。

4.7 三次样条插值

分段低次插值函数有很好的局部稳定性，在分段点处是连续的，但在分段点处难以保证插值函数的光滑性。而在实际问题中，不仅要求插值函数连续，而且要求它具有一

定的光滑性，这就要用到样条插值。

4.7.1　三次样条插值的定义

样条（spline）早期是绘图员用来描绘光滑曲线的一种工具，为了得到一条经过若干点的光滑曲线，绘图员把一根均匀、富有弹性的细长木条或金属条（所谓样条）用压铁固定在若干样点上，其他地方让它自由弯曲，然后沿其画出曲线，称为样条曲线。样条曲线不仅连续、光滑，而且有连续的曲率。对绘图员作出的曲线进行模拟，得到的函数叫做样条函数，样条函数在各样点处具有连续的一、二阶导数。下面讨论最常用的三次样条函数。

定义 4.6　已知有 n+1 个样点 $(x_0,y_0),(x_1,y_1),\cdots,(x_n,y_n)$，其中 $x_0<x_1<\cdots<x_n$，构造一个函数 $S(x)$，使其满足

（1）$S(x_i)=y_i\ (i=0,1,\cdots,n)$；

（2）在 (x_0, x_n) 内，$S(x)$ 具有连续的二阶导数；

（3）在 $[x_{i-1}, x_i]\ (i=1,2,\cdots,n)$ 上，$S(x)$ 是一个三次多项式，即

$$S(x)=\begin{cases} s_1(x), & x\in[x_0,x_1] \\ s_2(x), & x\in[x_1,x_2] \\ \qquad\cdots\cdots \\ s_n(x), & x\in[x_{n-1},x_n] \end{cases}$$

其中 $s_i(x)\ (i=1,2,\cdots,n)$ 皆为三次多项式，则称 $S(x)$ 为关于给定点列的三次样条插值函数。

三次样条插值函数的求法可分为两种，一种是系数用节点处的二阶导数值表示，另一种是系数用节点处的一阶导数值表示，在此只给出系数用节点处的二阶导数值表示的方法。

4.7.2　用节点处的二阶导数值表示的三次样条函数

在区间 $[x_{i-1}, x_i]$ 上，$S(x)=s_i(x)\ (i=1,2,\cdots,n)$ 。由定义 4.6 中的条件（1）有

$$s_i(x_{i-1})=y_{i-1},\quad s_i(x_i)=y_i \tag{4.17}$$

假设 $S(x)$ 在 x_{i-1}，x_i 处的二阶导数值分别为 M_{i-1}，M_i，于是

$$s_i''(x_{i-1})=M_{i-1},\quad s_i''(x_i)=M_i \tag{4.18}$$

$s_i(x)$ 是三次多项式，所以 $s_i''(x)$ 必为一次多项式，于是在区间 $[x_{i-1},x_i]$ 上对 $s_i''(x)$ 作线性插值，即可得到

$$s_i''(x)=\frac{x-x_i}{x_{i-1}-x_i}M_{i-1}+\frac{x-x_{i-1}}{x_i-x_{i-1}}M_i \tag{4.19}$$

令 $h_i=x_i-x_{i-1}$，则式（4.19）即为

$$s_i''(x)=\frac{x_i-x}{h_i}M_{i-1}+\frac{x-x_{i-1}}{h_i}M_i \tag{4.20}$$

对式（4.20）积分两次可得

$$s_i(x)=\frac{M_{i-1}}{6h_i}(x_i-x)^3+\frac{M_i}{6h_i}(x-x_{i-1})^3+c_1x+c_2 \tag{4.21}$$

其中 c_1、c_2 为积分常数。将式（4.17）代入式（4.21）可得

$$\begin{cases} \dfrac{h_i^2}{6}M_{i-1}+c_1x_{i-1}+c_2=y_{i-1} \\ \dfrac{h_i^2}{6}M_i+c_1x_i+c_2=y_i \end{cases}$$

由此解得

$$\begin{cases} c_1=\dfrac{y_i-y_{i-1}}{h_i}+\dfrac{h_i}{6}(M_{i-1}-M_i) \\ c_2=\dfrac{y_{i-1}x_i-y_ix_{i-1}}{h_i}+\dfrac{h_i}{6}(M_ix_{i-1}-M_{i-1}x_i) \end{cases}$$

将 c_1、c_2 代入式（4.21），并整理得

$$\begin{aligned} s_i(x)=&M_{i-1}\frac{(x_i-x)^3}{6h_i}+M_i\frac{(x-x_{i-1})^3}{6h_i}+\left(y_{i-1}-\frac{M_{i-1}}{6}h_i^2\right)\frac{x_i-x}{h_i} \\ &+\left(y_i-\frac{M_i}{6}h_i^2\right)\frac{x-x_{i-1}}{h_i}\quad(i=1,2,\cdots,n) \end{aligned}\tag{4.22}$$

对式（4.22）求导可得

$$\begin{aligned} s_i'(x)&=-M_{i-1}\frac{(x_i-x)^2}{2h_i}+M_i\frac{(x-x_{i-1})^2}{2h_i}+\frac{1}{h_i}\left(\frac{M_{i-1}}{6}h_i^2-y_{i-1}\right)+\left(\frac{1}{h_i}y_i-\frac{M_i}{6}h_i^2\right) \\ &=-M_{i-1}\frac{(x_i-x)^2}{2h_i}+M_i\frac{(x-x_{i-1})^2}{2h_i}+\frac{y_i-y_{i-1}}{h_i}-\frac{h_i}{6}(M_i-M_{i-1}) \end{aligned}$$

$$(i=1,2,\cdots,n)$$

于是

$$s_{i+1}'(x)=-M_i\frac{(x_{i+1}-x)^2}{2h_{i+1}}+M_{i+1}\frac{(x-x_i)^2}{2h_{i+1}}+\frac{y_{i+1}-y_i}{h_{i+1}}-\frac{h_{i+1}}{6}(M_{i+1}-M_i)$$

$$(i=1,2,\cdots,n-1)$$

分别用 $s_i'(x_i^-)$ 表示 $s_i(x)$在$[x_{i-1}, x_i]$上右端点 x_i 处的一阶导数，$s_{i+1}'(x_i^+)$表示 $s_{i+1}(x)$在$[x_i, x_{i+1}]$上左端点 x_i 处的一阶导数，则有

$$s_i'(x_i^-)=\frac{M_i}{2}h_i+\frac{y_i-y_{i-1}}{h_i}+\frac{h_i}{6}(M_{i-1}-M_i)$$

$$s_{i+1}'(x_i^+)=-\frac{M_i}{2}h_{i+1}+\frac{y_{i+1}-y_i}{h_{i+1}}+\frac{h_{i+1}}{6}(M_i-M_{i+1})$$

由定义 4.6 中的条件（2）可知 $s(x)$的一阶导数连续，则

$$s_i'(x_i^-)=s_{i+1}'(x_i^+)\quad(i=1,2,\cdots,n-1)$$

即

$$\frac{h_i}{6}M_{i-1}+\frac{h_i+h_{i+1}}{3}M_i+\frac{h_{i+1}}{6}M_{i+1}=\frac{y_{i+1}-y_i}{h_{i+1}}-\frac{y_i-y_{i-1}}{h_i}\quad(i=1,2,\cdots,n-1)$$

上式两边同乘以$\dfrac{6}{h_i+h_{i+1}}$，得

$$\frac{h_i}{h_i+h_{i+1}}M_{i-1}+2M_i+\frac{h_{i+1}}{h_i+h_{i+1}}M_{i+1}=\frac{6}{h_i+h_{i+1}}\left(\frac{y_{i+1}-y_i}{h_{i+1}}-\frac{y_i-y_{i-1}}{h_i}\right)(i=1,2,\cdots,n-1) \quad (4.23)$$

令

$$\lambda_i=\frac{h_{i+1}}{h_i+h_{i+1}},\mu_i=1-\lambda_i=\frac{h_i}{h_i+h_{i+1}},d_i=\frac{6}{h_i+h_{i+1}}\left(\frac{y_{i+1}-y_i}{h_{i+1}}-\frac{y_i-y_{i-1}}{h_i}\right)$$

则式（4.23）即为

$$\mu_iM_{i-1}+2M_i+\lambda_iM_{i+1}=d_i \quad (i=1,2,\cdots,n-1) \quad (4.24)$$

式（4.24）是含有 $n+1$ 个未知数 $M_0,M_1,\cdots,M_n$，但只有 $n-1$ 个方程的方程组，因而解不确定，必须补充两个方程才能保证有唯一解。这样的条件通常是在边界 x_0, x_n 处给出，称为边界条件。边界条件形式很多，常见的有以下两种：

（1）第二类边界条件——给定端点处的二阶导数（弯矩）

$$M_0=y_0'',\ M_n=y_n''$$

当 $M_0=M_n=0$ 时，称为自然样条。

（2）第一类边界条件——给定端点处的一阶导数(斜率)

$$s'(x_0)=y_0',\ s'(x_n)=y_n'$$

由

$$s_i'(x)=-M_{i-1}\frac{(x_i-x)^2}{2h_i}+M_i\frac{(x-x_{i-1})^2}{2h_i}+\frac{y_i-y_{i-1}}{h_i}-\frac{h_i}{6}(M_i-M_{i-1})$$

将 $s'(x_0)=y_0'$，代入得

$$\begin{aligned}y_0'&=-M_0\frac{(x_1-x_0)^2}{2h_1}+M_1\frac{(x_0-x_0)^2}{2h_1}+\frac{y_1-y_0}{h_1}-\frac{h_1}{6}(M_1-M_0)\\&=-\frac{h_1}{3}M_0-M_1\frac{h_1}{6}+\frac{y_1-y_0}{h_1}\end{aligned}$$

即有

$$2M_0+M_1=\frac{6}{h_1}(\frac{y_1-y_0}{h_1}-y_0')$$

类似可得

$$M_{n-1}+2M_n=\frac{6}{h_n}\left(y_n'-\frac{y_n-y_{n-1}}{h_n}\right)$$

它们与第二类边界条件可以统一写成

$$\begin{cases}2M_0+\lambda_0M_1=d_0\\ \mu_nM_{n-1}+2M_n=d_n\end{cases} \quad (4.25)$$

其中

$$d_0=\frac{6\lambda_0}{h_1}\left(\frac{y_1-y_0}{h_1}-y_0'\right)+2(1-\lambda_0)y_0''$$

$$d_n=\frac{6\mu_n}{h_n}\left(y_n'-\frac{y_n-y_{n-1}}{h_n}\right)+2(1-\mu_n)y_n''$$

当 $\lambda_0=\mu_n=0$ 时，即为第二类边界条件，当 $\lambda_0=\mu_n=1$ 时，即为第一类边界条件。将式(4.24)与式（4.25）合在一起就形成含有 n+1 个未知数 $M_0, M_1,\cdots, M_n$ 的 n+1 阶方程组，矩阵形式为

$$\begin{bmatrix} 2 & \lambda_0 & & & & \\ \mu_1 & 2 & \lambda_1 & & & \\ & \mu_2 & 2 & \lambda_2 & & \\ & & \ddots & & \ddots & \\ & & & \mu_{n-1} & 2 & \lambda_{n-1} \\ & & & & \mu_n & 2 \end{bmatrix} \begin{bmatrix} M_0 \\ M_1 \\ M_2 \\ \vdots \\ M_{n-1} \\ M_n \end{bmatrix} = \begin{bmatrix} d_0 \\ d_1 \\ d_2 \\ \vdots \\ d_{n-1} \\ d_n \end{bmatrix}$$

这是一个三对角形方程组，其系数矩阵为严格主对角占优阵，且可以证明系数矩阵行列式不为零，因而此方程组有唯一解。用追赶法解出 $M_0, M_1, M_2,\cdots, M_n$ 后代入式（4.22)，则系数用节点处的二阶导数值表示的三次样条插值函数就完全确定了。

三次样条插值算法：

（1）输入样点(x_i,y_i) (i=0,1,2, ⋯,n)，插值点 t，边界条件 y'_0, y'_n, y''_0, y''_n 及 a_n , c_0。

（2）构造求 M_i (i=0,1,⋯,n) 的三对角形方程组：

① i=1,2,⋯,n,

b_i=2

② i=1,2,⋯,n,

$h_i=x_i-x_{i-1}$

③ i=1,2,⋯,n−1,

$$a_i=\frac{h_i}{h_i+h_{i+1}},\quad c_i=1-a_i,\quad d_i=\frac{6}{h_i+h_{i+1}}\left(\frac{y_{i+1}-y_i}{h_{i+1}}-\frac{y_i-y_{i-1}}{h_i}\right)$$

④ $$d_0=\frac{6c_0}{h_1}\left(\frac{y_1-y_0}{h_1}-y'_0\right)+2(1-c_0)y''_0;$$

⑤ $$d_n=\frac{6a_n}{h_n}\left(y'_n-\frac{y_n-y_{n-1}}{h_n}\right)+2(1-a_n)y''_n。$$

（3）用追赶法求解三对角形方程组，解出 M_i (i=0,1,2,⋯,n)。

（4）判断 t 所在区间位置，当 $t\in[x_{i-1}, x_i]$时用式（4.22）计算出其函数值 $s_i(t)$。

4.8　最小二乘法与曲线拟合

在自然科学、社会科学等领域内，为确定客观存在着的变量之间的函数关系，需对大量的实验、观测或社会调查所得数据——样点$(x_0, y_0),(x_1, y_1),\cdots,(x_n, y_n)$建立函数关系式。这些样点不可避免地存在误差，甚至出现一些失真的坏点，如果用插值法求函数关系近似表达式，即要求近似函数曲线经过所有的样点，就会将不合理的误差带入函数关系式中来，使近似函数不能反映事物本质的函数关系。如果不要求近似函数曲线经过所有的样点，而只要求该曲线能够反映所给数据的基本趋势，便称为数据拟合，或称为求经验公式。

4.8.1　最小二乘法

解线性方程组时，通常要求未知数的个数与方程的个数相等，如果方程的个数多于未知数的个数，往往无解，这样的方程组叫做矛盾方程组。最小二乘法是解矛盾方程组的一个常用方法。

一般地，设有矛盾方程组

$$\begin{cases} a_{11}x_1 + a_{12}x_2 + \cdots + a_{1m}x_m = b_1 \\ a_{21}x_1 + a_{22}x_2 + \cdots + a_{2m}x_m = b_2 \\ \cdots\cdots \\ a_{N1}x_1 + a_{N2}x_2 + \cdots + a_{Nm}x_m = b_N \end{cases} \quad (m<N) \tag{4.26}$$

即

$$\sum_{j=1}^{m} a_{ij}x_j = b_i \quad (i=1,2,\cdots,N) \tag{4.27}$$

能同时满足这 N 个方程的解是不存在的，于是我们转而寻求在某种意义下的近似解，这种近似解不是矛盾方程组的精确解的近似值（因为精确解根本不存在），而是使矛盾方程组（4.26）最大限度地近似成立的一组数值。记

$$R_i = \sum_{j=1}^{m} a_{ij}x_j - b_i \quad (i=1,2,\cdots,N)$$

称为误差方程组。

根据最小二乘法原理，应选一组解 $x_1, x_2, \cdots, x_m$，使

$$Q(x_1, x_2, \cdots, x_m) = \sum_{i=1}^{N} R_i^2 = \sum_{i=1}^{N}\left(\sum_{j=1}^{m} a_{ij}x_j - b_i\right)^2$$

达到最小。

二次函数 Q 是关于 $x_1, x_2, \cdots, x_m$ 的连续函数，且

$$Q(x_1, x_2, \cdots, x_m) \geqslant 0$$

故一定存在一组数 $x_1, x_2, \cdots, x_m$，使得 Q 达到最小值。根据多元函数极值的必要条件可知，在最小值点应满足

$$\frac{\partial Q}{\partial x_1} = 0, \frac{\partial Q}{\partial x_2} = 0, \cdots, \frac{\partial Q}{\partial x_m} = 0$$

由此可以建立起包含有 m 个未知数且相互独立的 m 个方程，称为矛盾方程组（4.26）所对应的正规方程组。由于

$$\begin{aligned} \frac{\partial Q}{\partial x_k} &= \sum_{i=1}^{N} 2\left(\sum_{j=1}^{m} a_{ij}x_j - b_i\right) \cdot a_{ik} \\ &= 2\sum_{i=1}^{N}\left(\sum_{j=1}^{m} a_{ij} \cdot a_{ik}x_j - a_{ik} \cdot b_i\right) \quad (k=1,2,\cdots,m) \\ &= 2\sum_{j=1}^{m}\left(\sum_{i=1}^{N} a_{ik} \cdot a_{ij}\right)x_j - 2\sum_{i=1}^{N} a_{ik}b_i \end{aligned}$$

令 $\dfrac{\partial Q}{\partial x_k}=0\ (k=1,2,\cdots,m)$，则有

$$\sum_{j=1}^{m}\left(\sum_{i=1}^{N}a_{ik}\cdot a_{ij}\right)x_j=\sum_{i=1}^{N}a_{ik}\cdot b_i \quad (k=1,2,\cdots,m) \tag{4.28}$$

式（4.28）就是对应于矛盾方程组（4.26）的正规方程组，它的解是矛盾方程组的最优近似解。

上述正规方程组可以写成

$$\sum_{j=1}^{m}c_{kj}x_j=d_k \quad (k=1,2,\cdots,m)$$

其中

$$c_{kj}=\sum_{i=1}^{N}a_{ik}\cdot a_{ij} \quad (k,j=1,2,\cdots,m)$$

$$d_k=\sum_{i=1}^{N}a_{ik}\cdot b_i \quad (k=1,2,\cdots,m)$$

正规方程组系数矩阵的第 k 行第 j 列元素等于对应的矛盾方程组的系数矩阵的第 k 列与第 j 列两列对应元素乘积之和，正规方程组右端项第 k 行元素等于对应矛盾方程组系数矩阵第 k 列与右端项对应元素乘积之和。矛盾方程组的增广矩阵为

$$\begin{bmatrix} a_{11} & a_{12} & a_{13} & \cdots & a_{1m} & b_1 \\ a_{21} & a_{22} & a_{23} & \cdots & a_{2m} & b_2 \\ \vdots & \vdots & \vdots & & \vdots & \vdots \\ a_{N1} & a_{N2} & a_{N3} & \cdots & a_{Nm} & b_N \end{bmatrix}$$

对应的正规方程组的增广矩阵为 （$\sum$表示$\sum\limits_{i=1}^{N}$ ）

$$\begin{bmatrix} \sum a_{i1}^2 & \sum a_{i1}a_{i2} & \sum a_{i1}a_{i3} & \cdots & \sum a_{i1}a_{im} & \sum a_{i1}b_i \\ \sum a_{i2}a_{i1} & \sum a_{i2}^2 & \sum a_{i2}a_{i3} & \cdots & \sum a_{i2}a_{im} & \sum a_{i2}b_i \\ \vdots & \vdots & \vdots & & \vdots & \vdots \\ \sum a_{im}a_{i1} & \sum a_{im}a_{i2} & \sum a_{im}a_{i3} & \cdots & \sum a_{im}^2 & \sum a_{im}b_i \end{bmatrix}$$

由此，可根据矛盾方程组直接构造正规方程组，再求出正规方程组的解就是矛盾方程组的最优近似解。

例 4.7　用最小二乘法求矛盾方程组

$$\begin{cases} 2x+4y=9 \\ 3x-y=3 \\ x+2y=4 \\ 4x+2y=11 \end{cases}$$

的最优近似解。

解　建立对应的正规方程组

$$\begin{bmatrix} \sum_{i=1}^{4} a_{i1}^2 & \sum_{i=1}^{4} a_{i1}a_{i2} \\ \sum_{i=1}^{4} a_{i2}a_{i1} & \sum_{i=1}^{4} a_{i2}^2 \end{bmatrix} \begin{bmatrix} x \\ y \end{bmatrix} = \begin{bmatrix} \sum_{i=1}^{4} a_{i1}b_i \\ \sum_{i=1}^{4} a_{i2}b_i \end{bmatrix}$$

将数据代入得

$$\begin{bmatrix} 4+9+1+16 & 8-3+2+8 \\ 8-3+2+8 & 16+1+4+4 \end{bmatrix} \begin{bmatrix} x \\ y \end{bmatrix} = \begin{bmatrix} 18+9+4+44 \\ 36-3+8+22 \end{bmatrix}$$

即正规方程组为

$$\begin{cases} 30x+15y=75 \\ 15x+25y=63 \end{cases}$$

解正规方程组，得

$$\begin{cases} x=1.771429 \\ y=1.457143 \end{cases}$$

即为矛盾方程组的最优近似解。

4.8.2　多项式拟合

根据实验数据$(x_1, y_1),(x_2, y_2),\cdots,(x_N, y_N)$确定 x, y 间的近似函数关系 $y=\varphi(x)$（或称经验公式），最简单的办法是设所求的表达式为一个次数低于 $N-1$ 的多项式。设

$$\varphi(x)=a_0+a_1x+a_2x^2+\cdots+a_mx^m=\sum_{k=0}^{m} a_kx^k \tag{4.29}$$

其中，$m<N-1$。只要确定了系数 $a_k\ (k=0,1,\cdots,m)$，就确定了所要求的经验公式。

将已知的 N 组实验数据分别代入式（4.29），可得

$$\begin{cases} a_0+a_1x_1+a_2x_1^2+\cdots+a_mx_1^m=y_1 \\ a_0+a_1x_2+a_2x_2^2+\cdots+a_mx_2^m=y_2 \\ \quad\cdots\cdots \\ a_0+a_1x_N+a_2x_N^2+\cdots+a_mx_N^m=y_N \end{cases} \tag{4.30}$$

其中，未知数为 $a_k\ (k=0,1,\cdots,m)$，共有 $m+1$ 个，而方程的个数为 N，由 $m<N-1$ 可知式(4.30)为矛盾方程组。依据最小二乘法原理，其对应的正规方程组为

$$\begin{bmatrix} N & \sum_{i=1}^{N} x_i & \sum_{i=1}^{N} x_i^2 & \cdots & \sum_{i=1}^{N} x_i^m \\ \sum_{i=1}^{N} x_i & \sum_{i=1}^{N} x_i^2 & \sum_{i=1}^{N} x_i^3 & \cdots & \sum_{i=1}^{N} x_i^{m+1} \\ \vdots & \vdots & \vdots & & \vdots \\ \sum_{i=1}^{N} x_i^m & \sum_{i=1}^{N} x_i^{m+1} & \sum_{i=1}^{N} x_i^{m+2} & \cdots & \sum_{i=1}^{N} x_i^{2m} \end{bmatrix} \begin{bmatrix} a_0 \\ a_1 \\ a_2 \\ \vdots \\ a_m \end{bmatrix} = \begin{bmatrix} \sum_{i=1}^{N} y_i \\ \sum_{i=1}^{N} x_iy_i \\ \vdots \\ \sum_{i=1}^{N} x_i^my_i \end{bmatrix} \tag{4.31}$$

可以证明，正规方程组（4.31）的矩阵行列式不为 0，因此该方程组有唯一解。但 m 取为多少，应由数据所反映的趋势来定。

例 4.8　已知一组实验数据（表 4-9），用最小二乘法求其多项式型经验公式。

表 4-9

i	1	2	3	4
x_i	2	4	6	8
y_i	2	11	28	48

解

（1）作草图（图 4-2），从图中可以看出总趋势是一条直线。

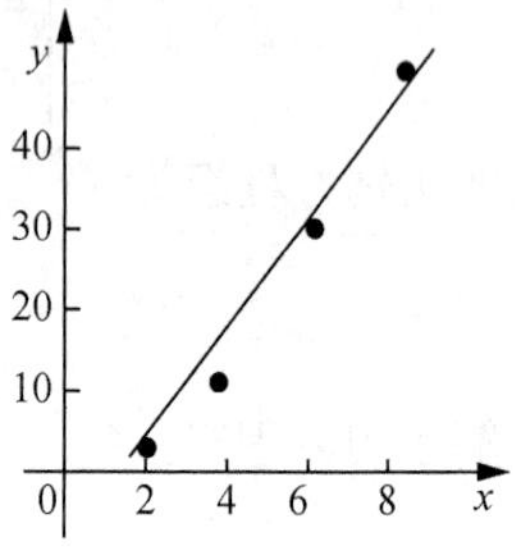

图 4-2

（2）造型：由草图可设拟合曲线为

$$y=\varphi(x)=a_0+a_1x$$

（3）建立正规方程组

$$\begin{bmatrix} 4 & \sum_{i=1}^{4}x_i \\ \sum_{i=1}^{4}x_i & \sum_{i=1}^{4}x_i^2 \end{bmatrix}\begin{bmatrix} a_0 \\ a_1 \end{bmatrix}=\begin{bmatrix} \sum_{i=1}^{4}y_i \\ \sum_{i=1}^{4}x_iy_i \end{bmatrix}$$

将方程组中要用到的数据列于表 4-10 中：

表 4-10

i	x_i	y_i	x_iy_i	x_i^2
1	2	2	4	4
2	4	11	44	16
3	6	28	168	36
4	8	48	384	64
和	20	89	600	120

于是，正规方程组为

$$\begin{bmatrix} 4 & 20 \\ 20 & 120 \end{bmatrix}\begin{bmatrix} a_0 \\ a_1 \end{bmatrix}=\begin{bmatrix} 89 \\ 600 \end{bmatrix}$$

由此解得

$$\begin{bmatrix} a_0 \\ a_1 \end{bmatrix}=\begin{bmatrix} -16.5 \\ 7.75 \end{bmatrix}$$

即所求多项式型经验公式为

$$y=-16.5+7.75x$$

设经验公式在各节点处的函数值为 $\overline{y}_i$，则

$$P=\sum_{i=1}^{N}(\overline{y}_i-y_i)^2$$

称为经验公式的拟合度，拟合度越小，说明经验公式越逼近实验数据所表示的函数。它是衡量对应于同一组实验数据的各经验公式优劣的一个依据。

实际中常用拟合绝对偏差

$$E_{\text{abs}} = \frac{\sum_{i=1}^{N} \left| \overline{y}_i - y_i \right|}{N}$$

或拟合相对偏差

$$E_{\text{rel}} = \frac{\sum_{i=1}^{N} \left| \overline{y}_i - y_i \right|}{\sum_{i=1}^{N} y_i}$$

来检查经验公式的可信程度。如果它们在实际问题允许的绝对误差或相对误差范围内，那么所做的经验公式就是可信、可靠的。

得出经验公式后，还需要对原实验数据进行“坏点”检验。所谓“坏点”是指超过允许绝对误差限或 $\frac{\left|\overline{y}_i - y_i\right|}{\left|y_i\right|}$ 超过允许相对误差限的点，对于“坏点”可视实际情况进行重测、补测或摒弃。

例 4.9　已知一组实验数据（表 4-11），求其多项式型经验公式。

表 4-11

i	1	2	3	4	5	6	7
x_i	1	2	3	4	5	6	7
y_i	5	3	2	1	2	4	7

解　（1）作草图（图 4-3），从图中可以看出曲线所反映的趋势为一条抛物线。

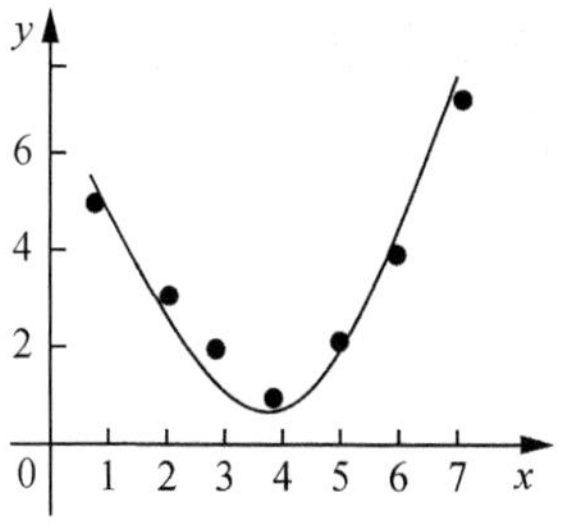

图 4-3

（2）造型：设拟合曲线为

$$y = \varphi(x) = a_0 + a_1 x + a_2 x^2$$

（3）建立正规方程组（其中 $\sum$ 表示 $\sum_{i=1}^{7}$）

$$\begin{bmatrix} N & \sum x_i & \sum x_i^2 \\ \sum x_i & \sum x_i^2 & \sum x_i^3 \\ \sum x_i^2 & \sum x_i^3 & \sum x_i^4 \end{bmatrix} \begin{bmatrix} a_0 \\ a_1 \\ a_2 \end{bmatrix} = \begin{bmatrix} \sum y_i \\ \sum x_i y_i \\ \sum x_i^2 y_i \end{bmatrix}$$

所需数据列在表 4-12 中，于是正规方程组为

$$\begin{bmatrix} 7 & 28 & 140 \\ 28 & 140 & 784 \\ 140 & 784 & 4676 \end{bmatrix}\begin{bmatrix} a_0 \\ a_1 \\ a_2 \end{bmatrix}=\begin{bmatrix} 24 \\ 104 \\ 588 \end{bmatrix}$$

由此解得

$$\begin{bmatrix} a_0 \\ a_1 \\ a_2 \end{bmatrix}=\begin{bmatrix} 8.57 \\ -3.9 \\ 0.52 \end{bmatrix}$$

即所求经验公式为

$$y = 8.57 - 3.9x + 0.52x^2$$

表 4-12

i	x_i	y_i	x_iy_i	x_i^2	$x_i^2y_i$	x_i^3	x_i^4
1	1	5	5	1	5	1	1
2	2	3	6	4	12	8	16
3	3	2	6	9	18	27	81
4	4	1	4	16	16	64	256
5	5	2	10	25	50	125	625
6	6	4	24	36	144	216	1296
7	7	7	49	49	343	343	2401
和	28	24	104	140	588	784	4676

多项式型经验公式算法：

（1）输入样点(x_i,y_i) $(i=1,2,\cdots,N)$，拟合多项式的次数 m。

（2）求正规方程组的增广矩阵。

$i=0,1,\ \cdots,m$，

① $a_{i,m+1}=\sum_{k=1}^{N}x_k^i y_k$；

② $j=0,1,2,\cdots,m$，

$$a_{ij}=\sum_{k=1}^{N}x_k^{i+j}$$

（3）用列主元高斯消去法求正规方程组的解 t_i $(i=0,1,2,\cdots,m)$。

（4）输出经验公式

$$y=t_0+t_1x+t_2x^2+\cdots+t_mx^m$$

（5）如有必要，计算并输出拟合度、拟合绝对偏差、拟合相对偏差、“坏点”检验等信息。

4.8.3　幂函数型、指数函数型经验公式

有时可能需要用非多项式型经验公式来拟合一组数据，如指数函数或幂函数，这时拟合函数是关于待定参数的非线性函数，根据最小二乘法原理建立的正规方程组将是关

于待定参数的非线性方程组，这类数据拟合问题称为非线性最小二乘问题。其中有些简单情形可以转化为线性最小二乘问题求解。下面给出一个求幂函数型经验公式的例子，指数函数型经验公式求解问题可以类似处理。

例 4.10　求一函数，使其能较好地拟合表 4-13 中的数据。

表 4-13

i	1	2	3	4	5	6
x_i	1.1	2.5	4.4	5.2	6.6	7.5
y_i	2.1	10.2	27.3	38.4	71.4	92.1

解　根据这组数据画出草图（图 4-4），据图可取拟合函数为幂函数

$$y(x) = ax^b \tag{4.32}$$

其中 a,b 为待定参数。对式（4.32）两边取对数得

$$\lg y = \lg a + b\lg x \tag{4.33}$$

令

$$Y=\lg y，X=\lg x，A=\lg a$$

则式（4.33）为

$$Y=A+bX$$

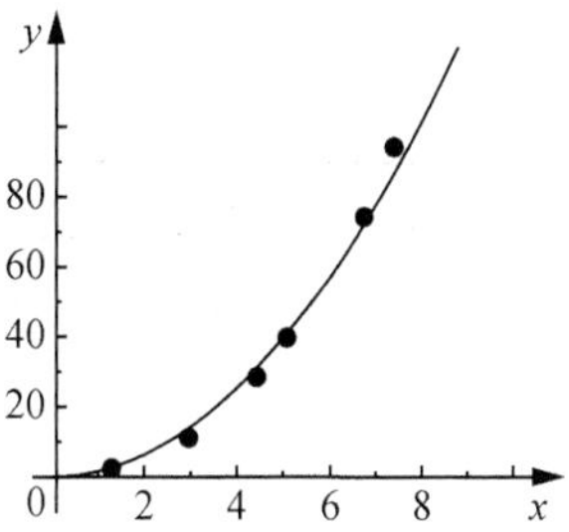

图 4-4

由（x_i, y_i）可得到相应的（X_i, Y_i），见表 4-14。

表 4-14

i	1	2	3	4	5	6
X_i	0.041393	0.397940	0.643453	0.716003	0.819544	0.875061
Y_i	0.322219	1.008600	1.436163	1.584331	1.853698	1.964260

相应的正规方程组为

$$\begin{bmatrix} 6 & \sum_{i=1}^{6} X_i \\ \sum_{i=1}^{6} X_i & \sum_{i=1}^{6} X_i^2 \end{bmatrix} \begin{bmatrix} A \\ b \end{bmatrix} = \begin{bmatrix} \sum_{i=1}^{6} Y_i \\ \sum_{i=1}^{6} X_i Y_i \end{bmatrix}$$

即

$$\begin{bmatrix} 6 & 3.493394 \\ 3.493394 & 2.524164 \end{bmatrix}\begin{bmatrix} A \\ b \end{bmatrix}=\begin{bmatrix} 8.169271 \\ 5.711224 \end{bmatrix}$$

由此解得

$$\begin{bmatrix} A \\ b \end{bmatrix}=\begin{bmatrix} 0.2 \\ 1.9 \end{bmatrix}$$

再求出 $a=10^A=1.584893$，便得所求函数为

$$y=1.584893x^{1.9}$$

在处理幂函数型经验公式时采用了取对数的方法，因而要求对于幂函数型的经验公式，全部实验数据不允许有零或负；对于指数函数型经验公式，也需要采用取对数的方法，因此对指数型经验公式的 y 值，不允许有零或负，在实际问题中当出现零或负时，可先进行坐标平移，使之全为正，这样在新坐标系得到的经验公式同样可以使用，只不过将用这样的经验公式计算出的结果再移回原坐标系即可。

习 题 4

4.1 已知一组数据，见表 4-15。试用线性插值与二次插值计算 sin(0.629)的近似值。

表 4-15

x	0	0.523599	0.785398	1.047198	1.570796
$\sin x$	0	0.5	0.707107	0.866025	1

4.2 已知一组数据，见表 4-16。用线性插值与二次插值计算 ln 11.75 的近似值，并估计误差。

表 4-16

x	10	11	12	13
$\ln x$	2.3026	2.3979	2.4849	2.5649

4.3 证明由表 4-17 中数据所确定的拉格朗日插值多项式是一个二次多项式。这说明了什么问题?

表 4-17

x	0	0.5	1	1.5	2	2.5
$f(x)$	−1	−0.75	0	1.25	3	5.25

4.4 根据表 4-18 中的实验数据，用拉格朗日全程插值求当 x=0.2,0.6,1.0,1.2,1.5,2.0, 2.8 ,3.0 ,3.6, 4.0, 4.8, 5.0 时所对应的函数值。

表 4-18

x	0	0.8	1.2	2.0	2.6	3.4	4.2	5.0
y	0	0.32855	0.43872	0.60598	0.70438	0.81405	0.90739	0.98959

4.5　给定一组数据，见表 4-19，用牛顿基本插值公式计算 f (0.1581)和 f (0.6367)的值。

表 4-19

x	0.125	0.25	0.375	0.5	0.625	0.75
$f(x)$	0.79618	0.77334	0.74371	0.70413	0.65632	0.60228

4.6　表 4-20 是关于函数 $y=f(x)$的均差表。

表 4-20

x_i	$f(x_i)$	一阶均差	二阶均差	三阶均差	四阶均差
1	1				
		____			
3	____		1		
		7		____	
4	____		____		0
		____		____	
5	25		1		
		7			
2					

（1）把适当的数填入表中；

（2）根据均差表写出均差插值多项式；

（3）计算 $f(2.5)$的值。

4.7　表 4-21 是关于函数 $y=f(x)$的差分表。

表 4-21

x_i	$f(x_i)$	一阶差分	二阶差分	三阶差分
1	1			
		____		
2	4		2	
		____		____
3	9		____	
		7		
4	16			

（1）把适当的数填入差分表中；

（2）根据差分表写出牛顿向前（后）插值公式；

（3）计算 $f(1.5)$ 和 $f(3.5)$ 的值。

4.8　给定一组数据，见表 4-22。分别利用牛顿向前插值公式与牛顿向后插值公式计算 $f(0.05)$ 及 $f(0.75)$ 的近似值。

表 4-22

X	0	0.2	0.4	0.6	0.8
$f(x)$	1	1.2214	1.49182	1.82212	2.22554

4.9　设 $f(x)=\dfrac{1}{1+x^2}$ 在 $[-5,5]$ 上取 $n=10$，按等距节点求分段线性插值函数 $L_n(x)$，计算各段中点处的 $L_n(x)$ 与 $f(x)$ 的值，并估计误差。

4.10　已知样点见表 4-23。求三次样条函数 $S(x)$，边界条件为 $S''(0.25)=0$，$S''(0.53)=0$。

表 4-23

x_i	0.25	0.30	0.39	0.45	0.53
y_i	0.5	0.5477	0.6245	0.6708	0.728

4.11　设实验数据见表 4-24。求其二次拟合多项式。

表 4-24

x_i	0.1	0.2	0.3	0.4	0.5	0.6	0.7
y_i	5.1234	5.3053	5.5684	5.9378	6.4270	7.0798	7.9493

4.12　用形如 $y=ae^{bx}$（a,b 为常数）的经验公式拟合表 4-25 中的数据。

表 4-25

x_i	1	2	3	4	5	6	7	8
y_i	15.3	20.5	27.4	36.6	49.1	65.6	87.8	117.6

第 5 章　数值微积分

实际问题中常常需要计算定积分。根据微积分学基本定理，对于定积分

$$I=\int_a^b f(x)\mathrm{d}x \tag{5.1}$$

若 $f(x)$在$[a,b]$上连续，则只要找到被积函数 $f(x)$的原函数 $F(x)$，便有下列牛顿-莱布尼茨公式

$$\int_a^b f(x)\mathrm{d}x=F(b)-F(a)$$

但在实际应用中，由于大量的被积函数（如 e^{-x^2} 、$\sin x^2$ 等）没有解析形式的原函数，因此无法使用牛顿-莱布尼茨公式；而当被积函数 $f(x)$只是由测量或数值计算给出的一张数据表时，更加无法使用该公式。因此研究求定积分式（5.1）的数值方法便显得很有必要了。

本章利用插值理论来建立数值积分与微分公式，并讨论方法的稳定性和收敛性。本章介绍的数值积分方法可以分为两种：一是利用等距节点的拉格朗日插值多项式建立的牛顿-柯特斯（Newton-Cotes）公式；二是利用加速技术建立的龙贝格（Romberg）算法。最后介绍利用拉格朗日插值多项式及样条插值函数建立的数值微分公式。

5.1　牛顿-柯特斯公式

5.1.1　牛顿-柯特斯公式的推导

用插值理论建立数值积分公式的基本思路是用被积函数 $f(x)$的插值多项式 $L_n(x)$近似 $f(x)$来求定积分，即若有

$$f(x)=L_n(x)+R_n(x)$$

其中 $R_n(x)$为 $f(x)$的插值多项式 $L_n(x)$的余项，则

$$\int_a^b f(x)\mathrm{d}x\approx\int_a^b L_n(x)\mathrm{d}x \tag{5.2}$$

最简单的情形是用线性函数 $L_1(x)=f(a)+\dfrac{f(b)-f(a)}{b-a}(x-a)$ 来近似 $f(x)$，这时可得到梯形公式

$$I\approx\int_a^b L_1(x)\mathrm{d}x=(b-a)\left[\frac{1}{2}f(a)+\frac{1}{2}f(b)\right] \tag{5.3}$$

若用二次插值多项式

$$L_2(x)=\frac{(x-b)(x-c)}{(a-b)(a-c)}f(a)+\frac{(x-a)(x-c)}{(b-a)(b-c)}f(b)+\frac{(x-a)(x-b)}{(c-a)(c-b)}f(c)$$

来近似 $f(x)$求积分可得到辛普森（Simpson）公式

$$I\approx\int_a^b L_2(x)\mathrm{d}x=(b-a)\left[\frac{1}{6}f(a)+\frac{4}{6}f(c)+\frac{1}{6}f(b)\right] \tag{5.4}$$

其中 $c=\dfrac{a+b}{2}$ 为区间$[a,b]$的中点。

从以上结果可以看出，数值积分不是求被积函数的原函数，而是通过计算被积函数在积分区间上某些点处的函数值的线性组合来实现近似计算的。

一般地，用不超过 n 次的插值多项式 $L_n(x)$近似 $f(x)$来求定积分。将积分区间$[a,b]$ n 等分，则节点是等距分布的，节点 $x_0, x_1, x_2,\cdots, x_n$ 可表示成 $x_k=x_0+kh$ $(k=0,1,\cdots,n)$，其中 $x_0=a, x_n=b$，$h=\dfrac{b-a}{n}$ 称为步长。

若 $L_n(x)$为拉格朗日插值多项式，则由第 4 章式（4.9），有

$$L_n(x)=\sum_{k=0}^{n}f(x_k)l_k(x)$$

于是

$$I=\int_a^b f(x)\mathrm{d}x\approx\int_a^b L_n(x)\mathrm{d}x=\sum_{k=0}^{n}\left[\int_a^b l_k(x)\mathrm{d}x\right]f(x_k)$$

令

$$A_k=\int_a^b l_k(x)\mathrm{d}x=\int_a^b\left(\prod_{\substack{j=0\\j\neq k}}^{n}\frac{x-x_j}{x_k-x_j}\right)\mathrm{d}x \tag{5.5}$$

则有

$$\int_a^b f(x)\mathrm{d}x\approx\sum_{k=0}^{n}A_k f(x_k) \tag{5.6}$$

式（5.6）称为等距节点内插求积公式。

利用公式（5.6）计算 I 的关键是求出系数 A_k。在等距节点前提下，做变换 $t=\dfrac{x-a}{h}$，由 $a\leqslant x\leqslant b$，可得 $0\leqslant t\leqslant n$。而 $x-x_j=(t-j)h(j=0,1,2,\cdots,n)$，$x_k-x_j=(k-j)h(j,k=0,1,2,\cdots,n$ 且 $j\neq k)$。于是式（5.5）即为

$$A_k=\frac{h(-1)^{n-k}}{k!(n-k)!}\int_0^n\prod_{\substack{j=0\\j\neq k}}^{n}(t-j)\mathrm{d}t=(b-a)\frac{(-1)^{n-k}}{n\bullet k!(n-k)!}\int_0^n\prod_{\substack{j=0\\j\neq k}}^{n}(t-j)\mathrm{d}t$$

记

$$C_k^{(n)}=\frac{(-1)^{n-k}}{n\bullet k!(n-k)!}\int_0^n\prod_{\substack{j=0\\j\neq k}}^{n}(t-j)\mathrm{d}t \tag{5.7}$$

则

$$A_k=(b-a)C_k^{(n)} \tag{5.8}$$

于是式（5.6）即为

$$\int_a^b f(x)\mathrm{d}x\approx(b-a)\sum_{k=0}^{n}C_k^{(n)}f(x_0+kh) \tag{5.9}$$

式（5.9）称为牛顿-柯特斯公式。其中 $C_k^{(n)}$ 叫柯特斯（Cotes）系数，柯特斯系数与被积函数及积分区间无关，它只依赖于区间等分数 n（也可理解为插值多项式次数 n）。下面

具体计算几个柯特斯系数。

n=1 时，有 2 个柯特斯系数

$$C_0^{(1)} = \frac{(-1)}{1\times 0!\times 1!}\int_0^1 (t-1)\mathrm{d}t = \frac{1}{2}$$

$$C_1^{(1)} = \frac{(-1)^0}{1\times 1!\times 0!}\int_0^1 t\mathrm{d}t = \frac{1}{2}$$

n=2 时，有 3 个柯特斯系数

$$C_0^{(2)} = \frac{(-1)^2}{2\times 0!\times 2!}\int_0^2 (t-1)(t-2)\mathrm{d}t = \frac{1}{6}$$

$$C_1^{(2)} = \frac{(-1)^1}{2\times 1!\times 1!}\int_0^2 t(t-2)\mathrm{d}t = \frac{4}{6}$$

$$C_2^{(2)} = \frac{(-1)^0}{2\times 2!\times 0!}\int_0^2 t(t-1)\mathrm{d}t = \frac{1}{6}$$

类似可得，n=3 时，有 4 个柯特斯系数

$$C_0^{(3)} = \frac{1}{8},\quad C_1^{(3)} = \frac{3}{8},\quad C_2^{(3)} = \frac{3}{8},\quad C_3^{(3)} = \frac{1}{8}$$

n=4 时，有 5 个柯特斯系数

$$C_0^{(4)} = \frac{7}{90},\quad C_1^{(4)} = \frac{32}{90},\quad C_2^{(4)} = \frac{12}{90},\quad C_3^{(4)} = \frac{32}{90},\quad C_4^{(4)} = \frac{7}{90}$$

在牛顿-柯特斯公式中，最重要的是 n=1,2,4 的三个公式，即

n=1 时，$I \approx (b-a)\left[\frac{1}{2}f(a)+\frac{1}{2}f(b)\right]$，此即式（5.3），为梯形公式。

n=2 时，$I \approx (b-a)\left[\frac{1}{6}f(a)+\frac{4}{6}f(c)+\frac{1}{6}f(b)\right]$，其中 $c=\frac{b+a}{2}$，称为辛普森公式。

n=4 时，$I \approx \frac{b-a}{90}[7f(a)+32f(c)+12f(d)+32f(e)+7f(b)]$，其中 c,d,e 为 $[a,b]$ 的四等分点，称为柯特斯公式。

下面给出 n 为 1～8 时的柯特斯系数（表 5-1）。

表 5-1

n	$C_0^{(n)}$	$C_1^{(n)}$	$C_2^{(n)}$	$C_3^{(n)}$	$C_4^{(n)}$	$C_5^{(n)}$	$C_6^{(n)}$	$C_7^{(n)}$	$C_8^{(n)}$
1	$\frac{1}{2}$	$\frac{1}{2}$							
2	$\frac{1}{6}$	$\frac{4}{6}$	$\frac{1}{6}$						
3	$\frac{1}{8}$	$\frac{3}{8}$	$\frac{3}{8}$	$\frac{1}{8}$					
4	$\frac{7}{90}$	$\frac{32}{90}$	$\frac{12}{90}$	$\frac{32}{90}$	$\frac{7}{90}$				
5	$\frac{19}{288}$	$\frac{75}{288}$	$\frac{50}{288}$	$\frac{50}{288}$	$\frac{75}{288}$	$\frac{19}{288}$			

续表

n	$C_0^{(n)}$	$C_1^{(n)}$	$C_2^{(n)}$	$C_3^{(n)}$	$C_4^{(n)}$	$C_5^{(n)}$	$C_6^{(n)}$	$C_7^{(n)}$	$C_8^{(n)}$
6	$\frac{41}{840}$	$\frac{216}{840}$	$\frac{27}{840}$	$\frac{272}{840}$	$\frac{27}{840}$	$\frac{216}{840}$	$\frac{41}{840}$		
7	$\frac{751}{17280}$	$\frac{3577}{17280}$	$\frac{1323}{17280}$	$\frac{2989}{17280}$	$\frac{2989}{17280}$	$\frac{1323}{17280}$	$\frac{3577}{17280}$	$\frac{751}{17280}$	
8	$\frac{989}{28350}$	$\frac{5888}{28350}$	$\frac{-928}{28350}$	$\frac{10496}{28350}$	$\frac{-4540}{28350}$	$\frac{10496}{28350}$	$\frac{-928}{28350}$	$\frac{5888}{28350}$	$\frac{989}{28350}$

例 5.1 分别利用梯形公式、辛普森公式、柯特斯公式计算 $\int_0^1 x^n \mathrm{d}x$，n=1,2,3,4,5，并与用牛顿-莱布尼茨公式计算的结果进行比较。

解 计算结果列于表 5-2 中。

表 5-2

函数 $f(x)$	x	x^2	x^3	x^4	x^5
梯形值	0.5	0.5	0.5	0.5	0.5
辛普森值	0.5	0.333333	0.25	0.208333	0.1875
柯特斯值	0.5	0.333333	0.25	0.20	0.166667
准确值	0.5	0.333333	0.25	0.20	0.166667

从各公式的计算结果来看，梯形公式的计算结果只对线性函数是准确的，辛普森公式对于次数不超过 3 的代数多项式是准确的，而柯特斯公式对于 5 次以内的代数多项式都能准确成立。数值求积方法是近似方法，为了保证精度，自然希望求积公式能对“尽可能多”的函数准确成立，这就提出了所谓代数精度的概念。

定义 5.1 如果一个求积公式对于任何次数不超过 m 的多项式都能准确成立，而对于 m+1 次的多项式不一定能准确成立，则称该求积公式具有 m 次代数精度。

求积公式具有 m 次代数精度的充要条件是，它对于 $f(x)=1, x, x^2,\cdots, x^m$ 都能准确成立，但对于 $f(x)=x^{m+1}$ 不能准确成立。

由此充要条件可以验证，梯形公式、辛普森公式、柯特斯公式分别具有 1、3、5 次代数精度。

当 $f(x)$是次数不超过 n 的多项式时，其插值多项式 $L_n(x)=f(x)$，因此插值型求积公式（5.6）至少具有 n 次代数精度。进一步还可以证明，n 为偶数的牛顿-柯特斯公式至少具有 n+1 次代数精度。

5.1.2 低阶牛顿-柯特斯公式的误差分析

在建立牛顿-柯特斯公式时，是用一个不超过 n 次的插值多项式 $L_n(x)$来近似被积函数 $f(x)$求积分，$f(x)=L_n(x)+R_n(x)$，由第 4 章关于插值多项式余项的结论知

$$R_n(x)=\frac{f^{(n+1)}(\xi_x)}{(n+1)!}\prod_{j=0}^{n}(x-x_j)\text{，}\quad \xi_x\in(a,b)$$

记 $I_n=\int_a^b L_n(x)\mathrm{d}x$，用 I_n 来近似 I 的误差记为 $R(I_n)$，则有

$$R(I_n)=\int_a^b R_n(x)\mathrm{d}x=\int_a^b\left[\frac{f^{(n+1)}(\xi_x)}{(n+1)!}\prod_{j=0}^{n}(x-x_j)\right]\mathrm{d}x \tag{5.10}$$

此即为牛顿-柯特斯公式的截断误差，也称余项。

在推导求积公式的余项时，要用到积分中值定理，即

若 $f(x)$ 和 $g(x)$ 为 $[a,b]$ 上的连续函数，且 $g(x)$ 在 (a,b) 内不变号，则存在 $\xi\in(a,b)$，使等式

$$\int_a^b f(x)g(x)\mathrm{d}x=f(\xi)\int_a^b g(x)\mathrm{d}x$$

成立。

下面分别给出梯形公式、辛普森公式、柯特斯公式的余项。

1. 梯形公式的余项 $R(T)$

由式（5.10）知梯形公式的余项为

$$R(T)=\frac{1}{2}\int_a^b f''(\xi_x)(x-a)(x-b)\mathrm{d}x,\quad \xi_x\in(a,b)$$

设 $\omega_2(x)=(x-a)(x-b)$，在 (a,b) 内不变号，因此根据积分中值定理，存在 $\eta\in(a,b)$，使

$$R(T)=\frac{1}{2}f''(\eta)\int_a^b(x-a)(x-b)\mathrm{d}x=-\frac{(b-a)^3}{12}f''(\eta)$$

2. 辛普森公式的余项 $R(S)$ 与柯特斯公式的余项 $R(C)$

关于辛普森公式和柯特斯公式的余项不作推导，只给出以下结果供使用。若 $f(x)$ 在区间 $[a,b]$ 上有连续的四阶或六阶导数，则分别有

$$R(S)=-\frac{b-a}{180}\left(\frac{b-a}{2}\right)^4 f^{(4)}(\eta),\quad \eta\in(a,b)$$

$$R(C)=-\frac{2(b-a)}{945}\left(\frac{b-a}{4}\right)^6 f^{(6)}(\eta),\quad \eta\in(a,b)$$

5.1.3　牛顿-柯特斯公式的稳定性

在 5.1.1 节计算了柯特斯系数，不难发现梯形公式、辛普森公式、柯特斯公式的系数之和都是 1。事实上，这一结论具有一般性。这是由于牛顿-柯特斯公式对于 $f(x)\equiv 1$ 都能准确成立，因而有

$$\int_a^b 1\mathrm{d}x=b-a=(b-a)\sum_{k=0}^{n}C_k^{(n)}$$

故有 $\sum_{k=0}^{n}C_k^{(n)}=1\ (n=1,2,\cdots)$，即一个牛顿-柯特斯公式的所有系数之和为 1。

由于柯特斯系数及节点值 x_k 都能准确地给出，因而使用牛顿-柯特斯公式计算积分时，舍入误差的影响主要来自函数值 $f(x_k)$ 的计算。

设准确值$f(x_k)$的计算值为$\overline{f}(x_k)$，其误差$\varepsilon_k = f(x_k) - \overline{f}(x_k)$　(k=0,1,2, ⋯,n)，因而用式(5.9)计算得到的计算值为$\overline{I}_n = (b-a)\sum_{k=0}^{n} C_k^{(n)} \overline{f}(x_k)$它与理论值$I_n = (b-a)\sum_{k=0}^{n} C_k^{(n)} f(x_k)$的误差为

$$I_n - \overline{I}_n = (b-a)\sum_{k=0}^{n} C_k^{(n)} [f(x_k) - \overline{f}(x_k)] = (b-a)\sum_{k=0}^{n} C_k^{(n)} \varepsilon_k$$

记$\varepsilon = \max\limits_{0\leqslant k\leqslant n} |\varepsilon_k|$。如果所有的求积系数$C_k^{(n)}$皆为正数，则有

$$\begin{aligned} \left|I_n - \overline{I}_n\right| &= \left|(b-a)\sum_{k=0}^{n} C_k^{(n)} \varepsilon_k\right| \\ &\leqslant (b-a)\sum_{k=0}^{n} \left|C_k^{(n)}\right| \left|\varepsilon_k\right| \\ &\leqslant (b-a)\varepsilon \sum_{k=0}^{n} C_k^{(n)} \\ &= (b-a)\varepsilon \end{aligned}$$

即当求积系数均为正数，ε为$\overline{f}(x_k)$(k=0,1,2,⋯,n)的一个绝对误差限时，结果的误差积累不会超过$(b-a)\ \varepsilon$，因而方法是稳定的。

但是，当求积系数有正有负（如$n \geqslant 8$时），将有

$$(b-a)\varepsilon \sum_{k=0}^{n} \left|C_k^{(n)}\right| > (b-a)\varepsilon$$

因而无法保证方法的稳定性。鉴于此，在实际计算中一般不使用高阶的牛顿-柯特斯公式。

5.2　复合求积公式

5.2.1　复合牛顿-柯特斯公式

为了提高求积的精确度，通常采用复合求积的方法，即将积分区间[a,b]进行N等分，每个子区间的长度为$h = \dfrac{b-a}{N}$，然后在每个子区间上使用低阶的求积公式，最后把每一区间上的计算结果累加起来，就得到定积分I的近似值。

1. 复合梯形公式

如果在每个子区间上使用梯形公式，就得到复合梯形公式。将积分区间[a,b]进行N等分后的节点记为x_k，$x_k=a+kh$(k=0,1,2,⋯,N)，在每个子区间[x_k, x_{k+1}] (k=0,1,2,⋯，N−1)上应用梯形公式，再求和得

$$\begin{aligned} I &\approx h\left[\frac{1}{2}f(x_0) + \frac{1}{2}f(x_1)\right] + h\left[\frac{1}{2}f(x_1) + \frac{1}{2}f(x_2)\right] + \cdots + h\left[\frac{1}{2}f(x_{N-1}) + \frac{1}{2}f(x_N)\right] \\ &= \frac{h}{2}\left[f(a) + 2\sum_{k=1}^{N-1} f(x_k) + f(b)\right] \end{aligned}$$

公式

$$T_N=\frac{h}{2}\left[f(a)+2\sum_{k=1}^{N-1}f(x_k)+f(b)\right]$$

称为复合梯形公式，其中 $x_k=a+kh$ ($k=0,1,2,\cdots,N$)，$h=\frac{b-a}{N}$。

2. 复合辛普森公式及复合柯特斯公式

如果在每个子区间上使用辛普森公式，就得到复合辛普森公式。将 N 等分后的每个子区间再对分一次，于是共有 $2N+1$ 个节点，$x_k=a+k\cdot\frac{h}{2}$ ($k=0,1,2,\cdots,2N$)，在每个 N 等分的子区间 $[x_{2k},x_{2k+2}]$ ($k=0,1,2,\cdots,N-1$) 上应用辛普森公式，再求和得

$$S_N=\frac{h}{6}\left[f(a)+4\sum_{k=1}^{N}f(x_{2k-1})+2\sum_{k=1}^{N-1}f(x_{2k})+f(b)\right]$$

同理可得复合柯特斯公式

$$C_N=\frac{h}{90}\left[7f(a)+32\sum_{k=1}^{N}f(x_{4k-3})+12\sum_{k=1}^{N}f(x_{4k-2})\right.$$
$$\left.+32\sum_{k=1}^{N}f(x_{4k-1})+14\sum_{k=1}^{N-1}f(x_{4k})+7f(b)\right]$$

其中 $x_k=a+k\cdot\frac{h}{4}$。

5.2.2 复合求积公式的余项

梯形公式的余项为 $R[T]=-\frac{(b-a)^3}{12}f''(\eta)$ $(\eta\in(a,b))$，对于复合梯形公式则有

$$\begin{aligned}I-T_N&=-\frac{h^3}{12}[f''(\eta_1)+f''(\eta_2)+\cdots+f''(\eta_N)]\\&=-\frac{N}{12}h^3\,\frac{f''(\eta_1)+f''(\eta_2)+\cdots+f''(\eta_N)}{N},\quad \eta_k\in[x_{k-1},x_k]\end{aligned}$$

若 $f''(x)$ 在 $[a,b]$ 上连续，则存在 $\eta\in(a,b)$，使

$$f''(\eta)=\frac{f''(\eta_1)+f''(\eta_2)+\cdots+f''(\eta_n)}{N}$$

于是

$$I-T_N=-\frac{b-a}{12}h^2f''(\eta),\quad \eta\in(a,b)$$

由 $f''(x)$ 在 $[a,b]$ 上连续可知，$f''(x)$ 在 $[a,b]$ 上有界，于是存在常数 M_2，使 $\max\limits_{a\leqslant x\leqslant b}|f''(x)|\leqslant M_2$，故

$$|I-T_N|\leqslant\frac{b-a}{12}h^2M_2$$

同理可得复合辛普森公式的余项为

$$I - S_N = -\frac{b-a}{2880} h^4 f^{(4)}(\eta), \quad \eta \in (a,b)$$

若 $f^{(4)}(x)$在$[a,b]$上连续，则存在一个常数 M_4，使 $\max\limits_{a\leqslant x\leqslant b}\left|f^{(4)}(x)\right| \leqslant M_4$，于是

$$\left|I - S_N\right| \leqslant \frac{b-a}{2880} h^4 M_4$$

可得复合柯特斯公式的余项

$$I - C_N = -\frac{b-a}{1935360} h^6 f^{(6)}(\eta), \quad \eta \in (a,b)$$

若 $f^{(6)}(x)$在$[a,b]$上连续，则存在一个常数 M_6，使 $\max\limits_{a\leqslant x\leqslant b}\left|f^{(6)}(x)\right| \leqslant M_6$，于是

$$\left|I - C_N\right| \leqslant \frac{b-a}{1935360} h^6 M_6$$

当 $n \to \infty$ 时，$h \to 0$，于是从这些余项公式可以看出，当 $n \to \infty$ 时，复合求积公式 T_N, S_N, C_N 都收敛于定积分值 I，而且收敛速度一个比一个快。

例 5.2 用复合梯形公式、复合辛普森公式、复合柯特斯公式在取相同节点的情况下，计算定积分 $\int_0^1 \frac{\sin x}{x}\mathrm{d}x$ 的近似值。设把区间 8 等分。

解 把区间[0,1]进行 8 等分，$h = \frac{1}{8}$，共有 9 个节点，节点表示为 $x_k = a + k \cdot \frac{1}{8}$ (k=0,1,2,⋯,8)。

（1）用复合梯形公式计算，相当于取 N=8，$h_{\mathrm{T}} = \frac{1}{8}$，于是

$$\begin{aligned} T_8 &= \frac{h_{\mathrm{T}}}{2}\left[f(a) + 2\sum_{k=1}^{N-1} f(x_k) + f(b)\right] \\ &= \frac{1}{16}\left[f(0) + 2\sum_{k=1}^{7} f\left(\frac{k}{8}\right) + f(1)\right] \\ &\approx 0.9456908 \end{aligned}$$

（2）用复合辛普森公式计算，相当于取 N=4，把区间[0,1]进行 N 等分，然后在每个子区间上使用辛普森公式，这时 $h_{\mathrm{S}} = \frac{1}{4}$，$x_k = a + k \cdot \frac{h_{\mathrm{S}}}{2} = a + k \cdot \frac{1}{8}$ (k=0,1,⋯,8)，于是

$$\begin{aligned} S_4 &= \frac{h_{\mathrm{S}}}{6}\left[f(a) + 4\sum_{k=1}^{N} f(x_{2k-1}) + 2\sum_{k=1}^{N-1} f(x_{2k}) + f(b)\right] \\ &= \frac{1}{24}\left[f(0) + 4\sum_{k=1}^{4} f(x_{2k-1}) + 2\sum_{k=1}^{3} f(x_{2k}) + f(1)\right] \\ &\approx 0.9460833 \end{aligned}$$

（3）用复合柯特斯公式计算，相当于取 N=2，把区间[0,1]进行 N 等分，然后在每个子区间上使用柯特斯公式，这时 $h_{\mathrm{C}} = \frac{1}{2}$，$x_k = a + k \cdot \frac{h_{\mathrm{C}}}{4} = a + k \cdot \frac{1}{8}$ (k=0,1,⋯,8)，于是

$$C_2 = \frac{h_C}{90}\Big[7f(a) + 32\sum_{k=1}^{2} f(x_{4k-3}) + 12\sum_{k=1}^{2} f(x_{4k-2})$$
$$+32\sum_{k=1}^{2} f(x_{4k-1}) + 14\sum_{k=1}^{1} f(x_{4k}) + 7f(b)\Big]$$
$$\approx 0.9460829$$

积分 $\int_0^1 \frac{\sin x}{x}\mathrm{d}x$ 的准确值为 0.9460831…。几个公式相比较，因为取的节点数一样，所以计算量基本一样，不同的只是函数值的组合方式，但最后的计算结果精度是不一样的；复合梯形公式精度不高，而复合辛普森公式和复合柯特斯公式精度都很高，其中复合辛普森公式计算起来更简便，所以在实际计算中，复合辛普森公式得到了普遍的应用。

复合辛普森公式的算法：

（1）输入 a,b,N。

（2）$h = \frac{b-a}{2N}$，$s = f(a)$，$x = a$。

（3）当 $i=1,2,\cdots,N$ 时，做循环：

① $x=x+h$；

② $s=s+4f(x)$；

③ $x=x+h$；

④ $s=s+2f(x)$。

（4）$s = \frac{h}{3}\left[s - f(b)\right]$。

5.3　变步长求积公式

5.3.1　变步长求积公式的推导

从复合求积公式的余项表达式看到，计算值的精度与步长 h 有关，对于给定的精度要求，从理论上讲，可以根据复合求积公式的余项公式预先确定出恰当的步长 h。但在实际应用中，当被积函数比较复杂或由列表函数给出时，其高阶导数的上界很难估计，因此比较实用的方法是利用计算机自动地选取步长，其基本思想是用复合求积公式进行数值积分时，将区间逐次分半进行，利用前后两次计算结果来估计误差，这样就不必求被积函数导数上界了。

以梯形公式为例，先将积分区间分为 N 等分，利用复合梯形公式求出积分的近似值 T_N，则积分的精确值 I 可以写成

$$I = T_N - \frac{b-a}{12}h^2 f''(\eta_1)$$
$$=T_N - \frac{b-a}{12}\left(\frac{b-a}{N}\right)^2 f''(\eta_1),\ \eta_1 \in (a,b)$$

再将区间对分一次，计算 T_{2N}，则积分精确值 I 又可以写成下面的式子

$$I = T_{2N} - \frac{b-a}{12}\left(\frac{b-a}{2N}\right)^2 f''(\eta_2),\quad \eta_2 \in (a,b)$$

设 $f''(x)$ 在$[a,b]$上变化不大，即有

$$f''(\eta_1) \approx f''(\eta_2)$$

于是

$$\frac{I-T_N}{I-T_{2N}} = \frac{-\dfrac{b-a}{12}\left(\dfrac{b-a}{N}\right)^2 f''(\eta_1)}{-\dfrac{b-a}{12}\left(\dfrac{b-a}{2N}\right)^2 f''(\eta_2)} \approx 4$$

整理可得

$$I \approx T_{2N} + \frac{1}{3}(T_{2N} - T_N) = \frac{4}{4-1}T_{2N} - \frac{1}{4-1}T_N \tag{5.11}$$

式（5.11）说明以 T_{2N} 作为 I 的近似值，其误差近似为 $\frac{1}{3}(T_{2N}-T_N)$，即 T_{2N} 的误差可以由 $T_{2N}-T_N$ 来控制，因此，对于给定的精度要求 ε，只需判断 $\frac{1}{3}\left|T_{2N}-T_N\right| \leqslant \varepsilon$ 是否成立即可。若成立，即可取 T_{2N} 作为定积分 I 的近似值，若不成立，则再把区间对分一次，计算 T_{4N}，然后判断 $\frac{1}{3}\left|T_{4N}-T_{2N}\right| \leqslant \varepsilon$ 是否成立，直到满足精度要求为止。

这个过程实现了根据精度要求，由程序自动选取步长计算，所以式（5.11）又称为变步长的梯形公式。

同理，由复合辛普森公式的余项公式，若 $f^{(4)}(x)$在$[a,b]$上变化不大，可推导出变步长的辛普森公式

$$I \approx S_{2N} + \frac{1}{15}(S_{2N} - S_N) = \frac{4^2}{4^2-1}S_{2N} - \frac{1}{4^2-1}S_N \tag{5.12}$$

由复合柯特斯公式的余项公式，若 $f^{(6)}(x)$在$[a,b]$上变化不大，可推导出变步长的柯特斯公式

$$I \approx C_{2N} + \frac{1}{63}(C_{2N} - C_N) = \frac{4^3}{4^3-1}C_{2N} - \frac{1}{4^3-1}C_N \tag{5.13}$$

5.3.2 变步长梯形公式算法

使用变步长求积公式时应考虑，在对积分区间进行逐次分半的过程中，如何利用前一次的计算结果以减少每次重复计算节点处函数值的工作量。在此只讨论复合梯形公式的递推公式，其他递推公式可类似得出。

当把区间$[a,b]$进行 $N = 2^{k-1}$ 等分时，步长 $h = h_{k-1} = \frac{b-a}{2^{k-1}}$，复合梯形公式为

$$T_{2^{k-1}} = \frac{h}{2}\left[f(a) + 2\sum_{i=1}^{2^{k-1}-1} f(a+ih) + f(b)\right] \tag{5.14}$$

当把区间$[a,b]$再对分一次，即把区间$[a,b]$进行$2N=2^k$等分时，步长变为$h_k=\dfrac{h}{2}=\dfrac{b-a}{2^k}$，此时的复合梯形公式为

$$T_{2^k}=\frac{h}{4}\left[f(a)+2\sum_{i=1}^{2^k-1}f\left(a+i\cdot\frac{h}{2}\right)+f(b)\right]\tag{5.15}$$

式（5.15）可写为

$$\begin{aligned}T_{2^k}&=\frac{h}{4}\left[f(a)+2\sum_{i=1}^{2^{k-1}}f\left(a+(2i-1)\cdot\frac{h}{2}\right)+2\sum_{i=1}^{2^{k-1}-1}f\left(a+2i\cdot\frac{h}{2}\right)+f(b)\right]\\&=\frac{h}{4}\left[f(a)+2\sum_{i=1}^{2^{k-1}-1}f(a+ih)+f(b)\right]+\frac{h}{2}\sum_{i=1}^{2^{k-1}}f\left[a+(2i-1)\cdot\frac{h}{2}\right]\end{aligned}$$

即

$$T_{2^k}=\frac{T_{2^{k-1}}}{2}+\frac{b-a}{2^k}\sum_{i=1}^{2^{k-1}}f\left[a+(2i-1)\cdot\frac{b-a}{2^k}\right]\tag{5.16}$$

式（5.16）称为复合梯形公式的递推公式。可以看出，在用式（5.16）进行递推计算时，只需计算新增节点处的函数值，原有节点处的函数值就不必再计算了。这样做能节省大约一半的工作量。由复合梯形公式的递推公式（5.16）便可得到变步长梯形公式算法。

变步长梯形公式算法：

（1）输入积分上、下限 a、b，精度要求 eps。

（2）$h=b-a$，$T_2=\dfrac{h}{2}(f(a)+f(b))$。

（3）做循环：

① $T_1=T_2$;

② $s=0$;

③ $x=a+\dfrac{h}{2}$；

④ 当 $x\leqslant b$ 时，做循环：

$s=s+f(x)$

$x=x+h$

⑤ $T_2=\dfrac{T_1}{2}+\dfrac{h}{2}\cdot s$；

⑥ $h=\dfrac{h}{2}$。

当$|T_1-T_2|>$eps 时，返回继续做循环。

（4）输出 T_2。

5.4　龙贝格求积公式

由式（5.11）、式（5.12）和式（5.13）可以看出，利用前后两次计算结果进行适当

的线性组合，可以构造出精度更高的计算公式，这就是龙贝格（Romberg）求积公式的基本思想。记

$$\overline{T}=\frac{4}{3}T_{2N}-\frac{1}{3}T_{N} \tag{5.17}$$

由式（5.11）可知，$\overline{T}$ 比 T_{2N} 的精度高，那么，按式（5.17）组合得到的近似值$\overline{T}$，其实质究竟是什么呢？由式（5.14）和式（5.15）可得

$$\begin{aligned}\overline{T}&=\frac{4}{3}T_{2N}-\frac{1}{3}T_{N}\\&=\frac{4}{3}\cdot\frac{h}{4}\left[f(a)+2\sum_{i=1}^{2^{k}-1}f\left(a+i\cdot\frac{h}{2}\right)+f(b)\right]-\frac{1}{3}\cdot\frac{h}{2}\left[f(a)+2\sum_{i=1}^{2^{k-1}-1}f(a+ih)+f(b)\right]\\&=\frac{h}{6}\left[2f(a)+4\sum_{i=1}^{2^{k-1}}f\left(a+(2i-1)\cdot\frac{h}{2}\right)+4\sum_{i=1}^{2^{k-1}-1}f\left(a+(2i)\cdot\frac{h}{2}\right)+2f(b)\right]\\&\quad-\frac{h}{6}\left[f(a)+2\sum_{i=1}^{2^{k-1}-1}f(a+ih)+f(b)\right]\end{aligned}$$

即

$$\overline{T}=\frac{h}{6}\left[f(a)+4\sum_{i=1}^{2^{k-1}}f\left(a+(2i-1)\cdot\frac{h}{2}\right)+2\sum_{i=1}^{2^{k-1}-1}f(a+ih)+f(b)\right]$$

对于复合辛普森公式，设将区间$[a,b]$分成$N=2^{k-1}$等份，即步长为$h=\frac{b-a}{2^{k-1}}$，节点为$x_k=a+k\cdot\frac{h}{2}\,(k=0,1,2,\cdots,2^k)$，于是

$$\begin{aligned}S_N&=\frac{h}{6}\left[f(a)+4\sum_{i=1}^{2^{k-1}}f(x_{2i-1})+2\sum_{i=1}^{2^{k-1}-1}f(x_{2i})+f(b)\right]\\&=\frac{h}{6}\left[f(a)+4\sum_{i=1}^{2^{k-1}}f\left(a+(2i-1)\frac{h}{2}\right)+2\sum_{i=1}^{2^{k-1}-1}f(a+ih)+f(b)\right]\end{aligned}$$

即

$$S_N=\overline{T}=\frac{4}{3}T_{2N}-\frac{1}{3}T_{N} \tag{5.18}$$

由式（5.18）可知，复合梯形公式对分前后的两个积分值 T_N和 T_{2N}按式（5.17）做线性组合，得到了复合辛普森公式的积分值 S_N。

类似可以验证，由复合辛普森公式的前后两次计算结果按式（5.12）做线性组合可以得到精度更高的柯特斯公式

$$C_N=\frac{16}{15}S_{2N}-\frac{1}{15}S_{N} \tag{5.19}$$

同理，由柯特斯公式的前后两次计算结果按式（5.13）做线性组合，必可得到精度更高的公式

$$R_N=\frac{64}{63}C_{2N}-\frac{1}{63}C_{N} \tag{5.20}$$

式（5.20）称为龙贝格求积公式。

上述加速过程还可以继续下去。为了计算上的方便，引入记号 $T_{k,i}$，其中 i 表示外推的次数，k 表示区间$[a,b]$对分的次数，即把$[a,b]$分成 2^k 等份。用此记号，则有复合梯形公式的递推公式

$$T_{k,0}=\frac{T_{k-1,0}}{2}+\frac{b-a}{2^k}\sum_{j=1}^{2^{k-1}}f\left[a+(2j-1)\frac{b-a}{2^k}\right]\quad (k=1,2,\cdots)\tag{5.21}$$

及外推公式

$$T_{k,i}=\frac{4^i T_{k+1,i-1}}{4^i-1}-\frac{T_{k,i-1}}{4^i-1}\quad (k=0,1,\cdots;\ i=1,2,\cdots)\tag{5.22}$$

其中，$T_{k,0}=T_{2^k}$，$T_{k,1}=S_{2^k}$，$T_{k,2}=C_{2^k}$，$T_{k,3}=R_{2^k}$。

利用递推的梯形公式（5.21）计算定积分 I 的粗糙近似值，经加速公式（5.22）逐步加工成高精度的积分近似值，此种方法称为龙贝格积分方法。这一方法的计算过程可以用下面逐行构造出的三角形数表——T 数表（表 5-3）表示。

表 5-3

$T_{0,0}$			
$T_{1,0}$	$T_{0,1}$		
$T_{2,0}$	$T_{1,1}$	$T_{0,2}$	
$T_{3,0}$	$T_{2,1}$	$T_{1,2}$	$T_{0,3}$
…	…	…	…

可以证明，如果$f(x)$充分光滑，那么 T 数表每一列的元素及对角线元素均收敛到所求的积分值 $I=\int_a^b f(x)\mathrm{d}x$，即

$$\lim_{k\to\infty}T_{k,i}=I\quad (i\ \text{固定})$$

$$\lim_{i\to\infty}T_{0,i}=I$$

并且后者的收敛速度比前者快。因此，对于给定的精度要求ε，当

$$\left|T_{0,i}-T_{0,i-1}\right|\leqslant\varepsilon$$

时，取 $I\approx T_{0,i}$，停止计算。

从理论上来讲，式（5.22）中的 k 和 i 可以无限制地增大，但实际经验表明，外推加速过程进行到一定的时候，再继续下去，就失去了提高精度的意义。事实上，当 i 比较大时，若 $4^i-1\approx 4^i$，并且$\left|\frac{T_{k,i-1}}{4^i-1}\right|$相对于$\left|T_{k+1,i-1}\right|$已很小，则有

$$T_{k,i}\approx T_{k+1,i-1}$$

表明加速的效果已不明显了。另外，i 的大小还与精度要求ε以及步长 h 的大小有关。在求积区间长度 $b-a$ 不大的情况下，i 取到 3 或 4 就能得到较精确的结果。如果 $b-a$ 很大，则应将$[a,b]$等分为若干个子区间，在每个子区间上用龙贝格积分方法求积分近似值，然后再将它们求和，作为 $I=\int_a^b f(x)\mathrm{d}x$ 的近似值。

例 5.3　用龙贝格求积方法计算积分 $\int_0^1 x^2 e^x dx$，精度要求为 10^{-5}。

解　$f(x) = x^2 e^x$,a=0,b=1。

（1）在[0,1]上用梯形公式计算 $T_{0,0}$：

$$T_{0,0} = \frac{1-0}{2}[f(0)+f(1)] \approx 1.359141$$

（2）将区间 2 等分，此时 $k=1, h=\frac{1}{2}$。计算新增节点处的函数值：

$$f\left(\frac{1}{2}\right) = \left(\frac{1}{2}\right)^2 e^{\frac{1}{2}} \approx 0.412180$$

用递推的梯形公式计算：

$$T_{1,0} = \frac{T_{0,0}}{2} + hf\left(\frac{1}{2}\right) \approx 0.885661$$

用加速公式（5.22）计算：

$$T_{0,1} = \frac{4}{3}T_{1,0} - \frac{1}{3}T_{0,0} \approx 0.727834$$

（3）将区间 4 等分，此时，$k=2, h=\frac{1}{4}$，新增节点为$\frac{1}{4}$，$\frac{3}{4}$。

$$T_{2,0} = \frac{T_{1,0}}{2} + h\left[f\left(\frac{1}{4}\right) + f\left(\frac{3}{4}\right)\right] \approx 0.760596$$

$$T_{1,1} = \frac{4}{3}T_{2,0} - \frac{1}{3}T_{1,0} \approx 0.718908$$

$$T_{0,2} = \frac{16}{15}T_{1,1} - \frac{1}{15}T_{0,1} \approx 0.718313$$

（4）把区间 8 等分，此时 $k=3, h=\frac{1}{8}$，新增节点为$\frac{1}{8},\frac{3}{8},\frac{5}{8},\frac{7}{8}$。

$$T_{3,0} = \frac{T_{2,0}}{2} + h\left[f\left(\frac{1}{8}\right) + f\left(\frac{3}{8}\right) + f\left(\frac{5}{8}\right) + f\left(\frac{7}{8}\right)\right] \approx 0.728890$$

$$T_{2,1} = \frac{4}{3}T_{3,0} - \frac{1}{3}T_{2,0} \approx 0.718322$$

$$T_{1,2} = \frac{16}{15}T_{2,1} - \frac{1}{15}T_{1,1} \approx 0.718282$$

$$T_{0,3} = \frac{64}{63}T_{1,2} - \frac{1}{63}T_{0,2} \approx 0.718282$$

（5）将区间 16 等分，此时 $k=4, h=\frac{1}{16}$，新增节点为$\frac{1}{16},\frac{3}{16},\frac{5}{16},\frac{7}{16},\cdots,\frac{15}{16}$。

$$T_{4,0} = \frac{T_{3,0}}{2} + h\left[f\left(\frac{1}{16}\right) + f\left(\frac{3}{16}\right) + \cdots + f\left(\frac{15}{16}\right)\right] \approx 0.720936$$

$$T_{3,1} = \frac{4}{3}T_{4,0} - \frac{1}{3}T_{3,0} \approx 0.718284$$

$$T_{2,2}=\frac{16}{15}T_{3,1}-\frac{1}{15}T_{2,1}\approx 0.718282$$

$$T_{1,3}=\frac{64}{63}T_{2,2}-\frac{1}{63}T_{1,2}\approx 0.718282$$

$$T_{0,4}=\frac{256}{255}T_{1,3}-\frac{1}{255}T_{0,3}\approx 0.718282$$

$\left|T_{0,4}-T_{0,3}\right|\leqslant 10^{-5}$，达到精度要求，取 $T_{0,4}$ 作为积分的近似值，即

$$\int_0^1 x^2 e^x dx\approx 0.718282$$

龙贝格积分算法：

（1）输入积分上、下限 a、b，精度要求 eps。

（2）$k=0$，$h=b-a$，$T_{0,0}=\frac{h}{2}\left[f(a)+f(b)\right]$。

（3）做循环：

① $k=k+1$；

② $h=\frac{h}{2}$；

③ $T_{k,0}=\frac{T_{k-1,0}}{2}+h\sum_{j=1}^{2^{k-1}}f(a+(2j-1)h)$；

④ $i=1,2,\cdots,k$，

$j=k-i$

$$T_{j,i}=\frac{4^i T_{j+1,i-1}-T_{j,i-1}}{4^i-1}$$

当$\left|T_{0,k}-T_{0,k-1}\right|>\text{eps}$时，返回继续做循环。

（4）输出 $T_{0,k}$。

5.5 数 值 微 分

5.5.1 插值型求导公式

已知 $f(x)$在 $n+1$ 个互异的节点 $x_0<x_1<\cdots<x_n$ 上的函数值为 $y_0,y_1,\cdots,y_n$，并假定 $f^{(n+1)}(x)$ 存在，设 $P_n(x)$是满足插值条件

$$P_n(x_i)=y_i \quad (i=0,1,2\cdots,n)$$

的插值多项式，$R_n(x)$为 $P_n(x)$的余项，则有

$$f(x)=P_n(x)+R_n(x) \tag{5.23}$$

对式（5.23）两边求一次导数得

$$f'(x)=P_n'(x)+R_n'(x)$$

取 $P_n'(x)$ 的值作为 $f'(x)$ 的近似值，这样建立的数值微分公式

$$f'(x)\approx P_n'(x) \tag{5.24}$$

统称为插值型求导公式。

必须指出，即使$f(x)$与$P_n(x)$的值相差不多，导数的近似值$P_n'(x)$与导数的真值$f'(x)$仍然可能相差很大，因此在使用求导公式（5.24）时，应特别注意误差的分析。

求导公式（5.24）的余项为

$$f'(x)-P_n'(x)=R_n'(x)=\left(\frac{f^{(n+1)}(\xi_x)}{(n+1)!}\omega(x)\right)'$$

即

$$R_n'(x)=\frac{f^{(n+1)}(\xi_x)}{(n+1)!}\omega'(x)+\frac{1}{(n+1)!}(f^{(n+1)}(\xi_x))'\omega(x) \tag{5.25}$$

在这一余项公式中，ξ_x是x的未知函数，因此$(f^{(n+1)}(\xi_x))'$难以确定，即对于任意给出的x，余项$R_n'(x)$是无法预估的。但是，如果限定求某个节点x_k $(k=0,1,2,\cdots,n)$上的导数值，则式（5.25）中的第二项为0，这时有余项公式

$$f'(x_k)-P_n'(x_k)=R_n'(x_k)=\frac{f^{(n+1)}(\xi_x)}{(n+1)!}\omega'(x_k) \tag{5.26}$$

以下仅考查节点处的导数值。为了简化讨论，假设所给的节点是等距的。

1. 两点公式

设已给出两个节点x_0,x_1上的函数值y_0,y_1，于是

$$P_1(x)=\frac{x-x_1}{x_0-x_1}y_0+\frac{x-x_0}{x_1-x_0}y_1$$

对上式两端求导，记$h=x_1-x_0$，则有

$$P_1'(x)=\frac{1}{h}(-y_0+y_1)$$

再利用余项公式（5.26）可知，带余项的两点公式是

$$\begin{cases}f'(x_0)=\dfrac{1}{h}(y_1-y_0)-\dfrac{h}{2}f''(\xi)\\[2mm] f'(x_1)=\dfrac{1}{h}(y_1-y_0)+\dfrac{h}{2}f''(\xi)\end{cases}$$

2. 三点公式

设已给出三个等距节点，$x_k=x_0+kh$ $(k=0,1,2)$ 上的函数值y_0,y_1,y_2，于是

$$P_2(x)=\frac{(x-x_1)(x-x_2)}{(x_0-x_1)(x_0-x_2)}y_0+\frac{(x-x_0)(x-x_2)}{(x_1-x_0)(x_1-x_2)}y_1+\frac{(x-x_0)(x-x_1)}{(x_2-x_0)(x_2-x_1)}y_2$$

对上式两端求导则有

$$P_2'(x)=\frac{y_0}{2h^2}[(x-x_2)+(x-x_1)]-\frac{y_1}{h^2}[(x-x_2)+(x-x_0)]+\frac{y_2}{2h^2}[(x-x_1)+(x-x_0)]$$

再利用余项公式（5.26）可知，带余项的三点公式是

$$\begin{cases} f'(x_0)=\dfrac{1}{2h}(-3y_0+4y_1-y_2)+\dfrac{h^2}{3}f'''(\xi) \\ f'(x_1)=\dfrac{1}{2h}(-y_0+y_2)-\dfrac{h^2}{6}f'''(\xi) \\ f'(x_2)=\dfrac{1}{2h}(y_0-4y_1+3y_2)+\dfrac{h^2}{3}f'''(\xi) \end{cases}$$

3. 实用的五点公式

设已给出五个等距节点 $x_k=x_0+kh(k=0,1,2,3,4)$上的函数值 $y_k(k=0,1,2,3,4)$，则类似于三点公式的推导可得出带余项的五点公式。对于给定的数据表，五个节点的选择方法，一般都是在所考查的节点两侧各取两个邻近的节点；若一侧的节点数不足两个，则用另一侧的节点补足。

$$\begin{cases} f'(x_0)=\dfrac{1}{12h}(-25y_0+48y_1-36y_2+16y_3-3y_4)+\dfrac{h^4}{5}f^{(5)}(\xi) \\ f'(x_1)=\dfrac{1}{12h}(-3y_0-10y_1+18y_2-6y_3+y_4)-\dfrac{h^4}{20}f^{(5)}(\xi) \\ f'(x_2)=\dfrac{1}{12h}(y_0-8y_1+8y_3-y_4)-\dfrac{h^4}{30}f^{(5)}(\xi) \\ f'(x_3)=\dfrac{1}{12h}(-y_0+6y_1-18y_2+10y_3+3y_4)-\dfrac{h^4}{20}f^{(5)}(\xi) \\ f'(x_4)=\dfrac{1}{12h}(3y_0-16y_1+36y_2-48y_3+25y_4)+\dfrac{h^4}{5}f^{(5)}(\xi) \end{cases}$$

显然，用五点公式求数值导数，其精度高于三点公式，通常都可获得满意的结果。

5.5.2　样条求导公式

利用插值多项式导出的数值微分公式只能求节点上的导数，换句话说，欲求函数在某一点 x 的导数，必须把该点作为一个节点，并且根据所用的数值微分公式，在 x 的邻近给出若干个节点及其相应的函数值。如果只知道函数 $f(x)$的一张函数表，而不知道其函数关系表达式，就无法求出非节点处的导数。

我们知道，三次样条函数 $S(x)$作为 $f(x)$的近似函数，不仅函数值很接近，而且导数值也很接近。因此，用三次样条函数建立数值微分公式是很自然的。而且，与插值型求导公式不同，样条求导公式可以用来计算插值范围内任何一点处的导数值。

由 4.7 节可知，系数用节点处的二阶导数值表示的三次样条函数为

$$\begin{aligned} s_i(x)&=M_{i-1}\frac{(x_i-x)^3}{6h_i}+M_i\frac{(x-x_{i-1})^3}{6h_i} \\ &\quad+\left(y_{i-1}-\frac{M_{i-1}}{6}h_i^2\right)\frac{x_i-x}{h_i}+\left(y_i-\frac{M_i}{6}h_i^2\right)\frac{x-x_{i-1}}{h_i}\quad(i=1,2,\cdots,n) \end{aligned}$$

于是，当 $x\in[x_{i-1},x_i]$时，

$$f'(x) \approx s_i'(x) = -M_{i-1}\frac{(x_i - x)^2}{2h_i} + M_i\frac{(x - x_{i-1})^2}{2h_i} + \frac{y_i - y_{i-1}}{h_i} - \frac{h_i}{6}(M_i - M_{i-1}) \qquad (5.27)$$

$$f''(x) \approx s_i''(x) = \frac{x_i - x}{h_i}M_{i-1} + \frac{x - x_{i-1}}{h_i}M_i \qquad (5.28)$$

特别地，若要求节点处的二阶导数值，则有

$$f''(x_i) = M_i \quad (i=0,1,\cdots,n)$$

上机计算时，在求三次样条插值函数的程序中加上式（5.27）、式（5.28）就可实现求一、二阶数值导数了。

习　题　5

5.1　分别利用梯形公式和辛普森公式计算下列积分。

（1）$\int_1^2 x\ln x\mathrm{d}x$；　　（2）$\int_0^{0.3}\sqrt{x}\mathrm{d}x$；

（3）$\int_0^{0.5}\mathrm{e}^{2x}\cos 3x\mathrm{d}x$；　　（4）$\int_0^{0.2}\sqrt{1+x^2}\mathrm{d}x$。

5.2　分别利用复合梯形公式和复合辛普森公式计算：

（1）$\int_1^3\frac{1}{x}\mathrm{d}x$，取 N=4;　　（2）$\int_0^1 x^2\mathrm{e}^x\mathrm{d}x$，取 N=8。

5.3　分别用复合梯形公式和复合辛普森公式计算积分 $\int_1^3\mathrm{e}^x\sin x\mathrm{d}x$，要求截断误差不超过 10^{-4}，问各需要把区间分成多少等份？

5.4　已知有下列表函数 $f(x)$（表 5-4），分别利用复合梯形公式、复合辛普森公式、复合柯特斯公式计算 $\int_0^{2.4}f(x)\mathrm{d}x$，并在节点相同的前提下比较各公式的精度（本表函数是根据函数 $f(x)=\sin x+\cos x$ 计算出来的）。

表 5-4

x	0	0.3	0.6	0.9	1.2
$f(x)$	1	1.250857	1.389978	1.404937	1.294397
x	1.5	1.8	2.1	2.4	
$f(x)$	1.068232	0.746646	0.358363	−0.061931	

5.5　编制变步长的辛普森法求积分的通用程序，精度要求为 10^{-5}，试算例题为

$$\int_0^1\frac{1}{1+x^2}\mathrm{d}x,\ \int_0^1\frac{\sin x}{x}\mathrm{d}x,\ \int_0^1 x^2\mathrm{e}^x\mathrm{d}x,\ \int_0^1\mathrm{e}^{-\frac{x^2}{2}}\mathrm{d}x$$

5.6　编制用龙贝格积分方法求积分的通用程序，精度要求为 10^{-5}，试算例题同 5.5 题。

5.7　根据 $f(x)=\dfrac{1}{(1+x)^2}$ 的一张数据表（表 5-5），分别用两点公式与三点公式计算

节点 1.1 和 1.2 处的导数值，并估计误差。

表 5-5

x_i	1.0	1.1	1.2	1.3
$f(x_i)$	0.25	0.2268	0.2066	0.189

第 6 章　常微分方程初值问题的数值解法

科学研究和工程技术中的很多问题往往归结为常微分方程初值问题。常微分方程的理论指出，许多方程的定解虽然存在，但可能十分复杂难于计算，也可能无法用简单的初等函数表示，因此只能用数值方法求其近似解。

本章主要讨论一阶常微分方程初值问题

$$\begin{cases} y' = f(x,y) \\ y(a) = y_0 \end{cases} \quad (a \leqslant x \leqslant b) \tag{6.1}$$

的数值解法，其基本思想完全适用于常微分方程组和高阶常微分方程。

设 $f(x,y)$ 在区域

$$G:\ \{a \leqslant x \leqslant b, -\infty < y < +\infty\}$$

上连续，且关于 y 满足李普希兹条件，即存在常数 $L>0$，使

$$|f(x,y_1) - f(x,y_2)| \leqslant L|y_1 - y_2|,\quad \forall (x,y_1),(x,y_2) \in G$$

则由常微分方程理论可知，在此条件下，一阶常微分方程初值问题式（6.1）的解存在且唯一。本章恒设该条件成立。

所谓解常微分方程的数值方法，就是求 $y(x)$ 在区间 $[a,b]$ 中一系列离散点（也称节点）

$$a = x_0 < x_1 < x_2 < \cdots < x_n \leqslant b$$

上 $y(x_i)$ 的近似值 $y_i\ (i=1,2,\cdots,n)$，这些近似值就是初值问题（6.1）的数值解。

通常取离散点 $x_0, x_1, x_2, \cdots, x_n$ 为等距，即

$$x_{i+1} - x_i = h,\quad i=0,1,2,\cdots,n-1$$

h 称为步长。

6.1　欧 拉 方 法

6.1.1　欧拉方法的推导

设 $y=y(x)$ 为式（6.1）的解，则

$$y'(x) = f(x, y(x)) \tag{6.2}$$

在区间 $[x_i, x_{i+1}]\ (i=0,1,2,\cdots,n-1)$ 上对式（6.2）进行积分，有

$$\int_{x_i}^{x_{i+1}} y'(x)\mathrm{d}x = \int_{x_i}^{x_{i+1}} f(x,y(x))\mathrm{d}x$$

$$y(x_{i+1}) - y(x_i) = \int_{x_i}^{x_{i+1}} f(x,y(x))\mathrm{d}x$$

$$y(x_{i+1}) = y(x_i) + \int_{x_i}^{x_{i+1}} f(x,y(x))\mathrm{d}x \quad (i=0,1,2,\cdots,n-1) \tag{6.3}$$

当 $i=0$ 时，式（6.3）为

$$y(x_1) = y(x_0) + \int_{x_0}^{x_1} f(x,y(x))\mathrm{d}x$$

在$[x_0, x_1]$上取$f(x, y(x)) \approx f(x_0, y_0)$，则有

$$y(x_1) \approx y(x_0) + f(x_0, y_0)(x_1 - x_0) = y_0 + hf(x_0, y_0)$$

记

$$y_1 = y_0 + hf(x_0, y_0)$$

于是$y(x_1) \approx y_1$。

当i=1 时，式（6.3）为

$$y(x_2) = y(x_1) + \int_{x_1}^{x_2} f(x, y(x))\mathrm{d}x$$

在$[x_1, x_2]$上取$f(x, y(x)) \approx f(x_1, y_1)$，则有

$$y(x_2) \approx y(x_1) + f(x_1, y_1)(x_2 - x_1) \approx y_1 + hf(x_1, y_1)$$

记

$$y_2 = y_1 + hf(x_1, y_1)$$

于是$y(x_2) \approx y_2$ 。

一般地，对于

$$y(x_{i+1}) = y(x_i) + \int_{x_i}^{x_{i+1}} f(x, y(x))\mathrm{d}x$$

在$[x_i, x_{i+1}]$上取$f(x, y(x)) \approx f(x_i, y_i)$，又由于$y(x_i) \approx y_i$ ，于是有

$$y(x_{i+1}) \approx y(x_i) + f(x_i, y_i)(x_{i+1} - x_i) \approx y_i + hf(x_i, y_i)$$

记

$$y_{i+1} = y_i + hf(x_i, y_i)\ (i=0,1,2,\cdots,n-1) \tag{6.4}$$

于是$y(x_{i+1}) \approx y_{i+1}\ (i=0,1,2,\cdots,n-1)$。式（6.4）即为欧拉（Euler）公式。

欧拉公式有明显的几何意义，如图 6-1 所示。从点$P_0(x_0, y_0)$出发作一条以$f(x_0, y_0)$为斜率的直线P_0P_1与直线$x=x_1$交于$P_1(x_1, y_1)$，y_1就是$y(x_1)$的近似值；再从P_1出发作一条以$f(x_1, y_1)$为斜率的直线P_1P_2与直线$x=x_2$交于$P_2(x_2, y_2)$，y_2就是$y(x_2)$的近似值；如此继续下去，得到一条折线 $P_0P_1P_2\cdots$。欧拉方法就是用这条折线作为初值问题式（6.1）的积分曲线 $y=y(x)$的近似曲线，因此欧拉方法又称为欧拉折线法。

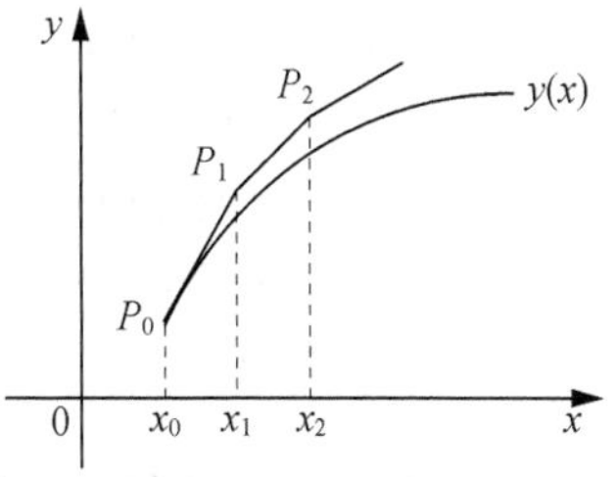

图 6-1

6.1.2　改进的欧拉方法

可以看出，欧拉方法是在每个小区间$[x_i, x_{i+1}](i=0,1,2,\cdots n-1)$上用矩形面积$hf(x_i, y_i)$来近似曲边梯形面积$\int_{x_i}^{x_{i+1}} f(x, y(x))\mathrm{d}x$，因此欧拉方法也称为矩形法。下面以梯形面积来近似该曲边梯形面积，这无疑将提高计算精度。设y_i和y_{i+1}分别为$y(x_i)$和$y(x_{i+1})$的近似值，在$[x_i, x_{i+1}](i=0,1,2,\cdots,n-1)$上，取$f(x, y(x)) \approx \frac{1}{2}[f(x_i, y_i) + f(x_{i+1}, y_{i+1})]$，由式（6.3）有

$$\begin{aligned} y(x_{i+1}) &\approx y(x_i) + \frac{1}{2}[f(x_i, y_i) + f(x_{i+1}, y_{i+1})](x_{i+1} - x_i) \\ &\approx y_i + \frac{h}{2}[f(x_i, y_i) + f(x_{i+1}, y_{i+1})] \end{aligned}$$

记

$$y_{i+1}=y_i+\frac{h}{2}[f(x_i,y_i)+f(x_{i+1},y_{i+1})]\quad (i=0,1,2,\cdots,n-1) \tag{6.5}$$

于是 $y(x_{i+1})\approx y_{i+1}\,(i=0,1,2,\cdots,n-1)$。式（6.5）称为梯形公式。

梯形公式与欧拉公式有着本质的区别，欧拉公式（6.4）是关于 y_{i+1} 的一个直接的计算公式，这类公式统称为显式的；而梯形公式（6.5）的右端函数中含有未知量 y_{i+1}，它实际上是关于 y_{i+1} 的一个函数方程，这类公式统称为隐式的。

显式与隐式两类方法各有特点。使用显式方法比隐式方便，但考虑到数值稳定性等因素，有时需要选用隐式方法。

使用隐式方法时，要把 y_{i+1} 从函数方程[如式（6.5）]中解出来，一般情况下是很不容易的。为了避免求解函数方程，实际计算时，对于隐式公式常采用预测-校正技术，即在求 y_{i+1} 时，先用显式公式得到一个预测值 $\overline{y}_{i+1}$，其精度不高，然后将其代入隐式公式的右端求得校正值 y_{i+1}。对梯形公式（6.5）采用预测-校正技术，则有

$$\begin{cases}\overline{y}_{i+1}=y_i+hf(x_i,y_i)\\ y_{i+1}=y_i+\dfrac{h}{2}[f(x_i,y_i)+f(x_{i+1},\overline{y}_{i+1})]\end{cases} \tag{6.6}$$

称为改进的欧拉公式。习惯上常将式（6.6）改写为

$$\begin{cases}y_{i+1}=y_i+\dfrac{h}{2}(k_1+k_2)\\ k_1=f(x_i,y_i)\\ k_2=f(x_i+h,y_i+hk_1)\end{cases} \tag{6.7}$$

改进的欧拉方法算法：

（1）输入 x, y,h,n。

（2）对 i=1,2,⋯,n 做循环：

① $k_1=f(x, y)$；

② $x=x+h$；

③ $k_2=f(x, y+hk_1)$；

④ $y=y+h(k_1+k_2)/2$；

⑤ 输出 x, y。

6.1.3　局部截断误差和方法的阶

定义 6.1　假设在计算 y_{i+1} 的求解公式中的 $y_k(k\leqslant i)$ 皆为精确值，即 $y_k=y(x_k)(k\leqslant i)$，则称 $y(x_{i+1})-y_{i+1}$ 为局部截断误差。

考查欧拉公式的局部截断误差，有

$$y_{i+1}=y_i+hf(x_i,y_i)=y(x_i)+hf(x_i,y(x_i))=y(x_i)+hy'(x_i)$$

而据泰勒（Taylor）展开式

$$y(x_{i+1})=y(x_i+h)=y(x_i)+hy'(x_i)+\frac{h^2}{2!}y''(\xi)\quad (x_i<\xi<x_{i+1})$$

于是欧拉公式的局部截断误差为

$$y(x_{i+1})-y_{i+1}=\frac{h^2}{2!}y''(\xi)=O(h^2) \tag{6.8}$$

定义 6.2　如果求解常微分方程初值问题的某种方法的局部截断误差为$O(h^{p+1})$，则称该方法是p阶的，或具有p阶精度。

由式（6.8）可知，欧拉方法是一阶的。

再考查改进的欧拉公式的局部截断误差，有

$$\begin{aligned}
k_1&=f(x_i,y_i)=f(x_i,y(x_i))=y'(x_i)\\
k_2&=f(x_i+h,y_i+hk_1)\\
&=f(x_i,y_i)+hf_x(x_i,y_i)+hk_1f_y(x_i,y_i)+O(h^2)\\
&=f(x_i,y(x_i))+h[f_x(x_i,y(x_i))+y'(x_i)f_y(x_i,y(x_i))]+O(h^2)\\
&=y'(x_i)+hy''(x_i)+O(h^2)
\end{aligned}$$

于是

$$\begin{aligned}
y_{i+1}&=y_i+\frac{h}{2}(k_1+k_2)\\
&=y(x_i)+\frac{h}{2}[y'(x_i)+y'(x_i)+hy''(x_i)+O(h^2)]\\
&=y(x_i)+hy'(x_i)+\frac{h^2}{2}y''(x_i)+O(h^3)
\end{aligned}$$

而据泰勒展开式

$$y(x_{i+1})=y(x_i+h)=y(x_i)+hy'(x_i)+\frac{h^2}{2}y''(x_i)+\frac{h^3}{3!}y'''(\xi)\quad(x_i<\xi<x_{i+1})$$

故改进的欧拉公式的局部截断误差为

$$y(x_{i+1})-y_{i+1}=O(h^3) \tag{6.9}$$

由此可知，改进的欧拉方法是二阶的。

例 6.1　分别用欧拉方法和改进的欧拉方法求解

$$\begin{cases}y'=y-\dfrac{2x}{y}\quad(0\leqslant x\leqslant 1)\\ y(0)=1\end{cases}$$

取 h=0.1（其解析解为$y=\sqrt{1+2x}$）。

解　据欧拉公式，有

$$y_{i+1}=y_i+0.1\left(y_i-\frac{2x_i}{y_i}\right)=1.1y_i-\frac{0.2x_i}{y_i}\quad(i=0,1,2,\cdots,9)$$

据改进的欧拉公式，有

$$\begin{cases}\overline{y}_{i+1}=1.1y_i-\dfrac{0.2x_i}{y_i}\\ y_{i+1}=y_i+0.05\left(y_i-\dfrac{2x_i}{y_i}+\overline{y}_{i+1}-\dfrac{2x_{i+1}}{\overline{y}_{i+1}}\right)\end{cases}\quad(i=0,1,2,\cdots,9)$$

计算结果见表 6-1。

表 6-1

x_i	欧拉方法	改进的欧拉方法	精确值
0.1	1.100000	1.095909	1.095445
0.2	1.191818	1.184097	1.183216
0.3	1.277438	1.266201	1.264911
0.4	1.358213	1.343360	1.341641
0.5	1.435133	1.416402	1.414214
0.6	1.508966	1.485956	1.483240
0.7	1.580338	1.552515	1.549193
0.8	1.649783	1.616478	1.612452
0.9	1.717779	1.678167	1.673320
1.0	1.784771	1.737686	1.732051

可以看出，改进的欧拉方法的计算结果更接近精确值。

6.2 龙格-库塔方法

6.2.1 龙格-库塔方法的基本思想和一般形式

龙格-库塔（Runge-Kutta）方法，简称 R-K 法，它的基本思想是，利用 $f(x, y)$在某些点的值的线性组合来构造一类数值计算公式，然后按泰勒公式展开，并与初值问题的真解的泰勒展开式相比较，以确定其中的系数，使其局部截断误差的阶数尽可能地高，也就是使方法的阶数尽可能地高。

龙格-库塔方法的一般形式为

$$\begin{cases} y_{i+1} = y_i + h\sum_{j=1}^{s} c_j k_j \\ k_1 = f(x_i, y_i) \\ k_j = f\left(x_i + a_j h, y_i + h\sum_{l=1}^{j-1} b_{jl} k_l\right), \quad j = 2,3,\cdots,s \end{cases}$$

下面以二阶龙格-库塔方法为例来说明如何确定龙格-库塔公式中的系数。

6.2.2 二阶龙格-库塔方法

二阶龙格-库塔方法的形式为

$$\begin{cases} y_{i+1} = y_i + h(c_1 k_1 + c_2 k_2) \\ k_1 = f(x_i, y_i) \\ k_2 = f(x_i + ah, y_i + bhk_1) \end{cases} \tag{6.10}$$

现在来考查其局部截断误差，有

$$\begin{aligned}k_1 &= f(x_i, y_i) = f(x_i, y(x_i)) = y'(x_i)\\ k_2 &= f(x_i + ah, y_i + bhk_1)\\ &= f(x_i, y_i) + ahf_x(x_i, y_i) + bhk_1 f_y(x_i, y_i) + O(h^2)\\ &= f(x_i, y(x_i)) + ahf_x(x_i, y(x_i)) + bhy'(x_i) f_y(x_i, y(x_i)) + O(h^2)\\ &= y'(x_i) + ahf_x(x_i, y(x_i)) + bhy'(x_i) f_y(x_i, y(x_i)) + O(h^2)\end{aligned}$$

于是

$$\begin{aligned}y_{i+1} &= y_i + h(c_1 k_1 + c_2 k_2)\\ &= y(x_i) + c_1 hy'(x_i) + c_2 h[y'(x_i) + ahf_x(x_i, y(x_i)) + bhy'(x_i) f_y(x_i, y(x_i)) + O(h^2)]\\ &= y(x_i) + (c_1 + c_2)hy'(x_i) + h^2[ac_2 f_x(x_i, y(x_i)) + bc_2 y'(x_i) f_y(x_i, y(x_i))] + O(h^3)\end{aligned}$$

而据泰勒展开式

$$\begin{aligned}y(x_{i+1}) &= y(x_i + h)\\ &= y(x_i) + hy'(x_i) + \frac{h^2}{2!} y''(x_i) + O(h^3)\\ &= y(x_i) + hy'(x_i) + \frac{h^2}{2}[f_x(x_i, y(x_i)) + f_y(x_i, y(x_i))y'(x_i)] + O(h^3)\end{aligned}$$

故有

$$\begin{aligned}y(x_{i+1}) - y_{i+1} &= h(1 - c_1 - c_2)y'(x_i)\\ &\quad + h^2\left[\left(\frac{1}{2} - ac_2\right) f_x(x_i, y(x_i)) + \left(\frac{1}{2} - bc_2\right) f_y(x_i, y(x_i))y'(x_i)\right] + O(h^3)\end{aligned}$$

要使 $y(x_{i+1})-y_{i+1}=O(h^3)$，即方法为二阶的，只要系数 c_1、c_2、a、b 满足方程组

$$\begin{cases}c_1 + c_2 = 1\\ ac_2 = \dfrac{1}{2}\\ bc_2 = \dfrac{1}{2}\end{cases} \tag{6.11}$$

即可。这是一个有三个方程、四个未知量的方程组，有无穷多组解。满足式（6.11）的 c_1、c_2、a、b，在式（6.10）中构成了一组二阶龙格-库塔方法的形式。以 a 为自由参数得

$$\begin{cases}c_1 = 1 - \dfrac{1}{2a}\\ b = a\\ c_2 = \dfrac{1}{2a}\end{cases}$$

取 a=1，则得改进的欧拉公式（6.7）；取 $a=\dfrac{1}{2}$，则得中点公式

$$\begin{cases}y_{i+1} = y_i + hk_2\\ k_1 = f(x_i, y_i)\\ k_2 = f\left(x_i + \dfrac{h}{2}, y_i + \dfrac{h}{2}k_1\right)\end{cases}$$

进一步可以证明，式（6.10）至多为二阶方法。要提高阶数必须增加函数值的计算次数。

6.2.3　四阶龙格-库塔方法

类似于二阶方法的推导，可以得到常用的标准四阶龙格-库塔公式

$$\begin{cases} y_{i+1} = y_i + \dfrac{h}{6}(k_1 + 2k_2 + 2k_3 + k_4) \\ k_1 = f(x_i, y_i) \\ k_2 = f\left(x_i + \dfrac{h}{2}, y_i + \dfrac{h}{2}k_1\right) \\ k_3 = f\left(x_i + \dfrac{h}{2}, y_i + \dfrac{h}{2}k_2\right) \\ k_4 = f(x_i + h, y_i + hk_3) \end{cases} \tag{6.12}$$

其局部截断误差为 $O(h^5)$。

标准四阶龙格-库塔方法算法：

（1）输入 x, y, h, n。

（2）对 i=1,2,…,n 做循环：

① 计算 k_1, k_2, k_3, k_4;

② $y=y+h(k_1+2k_2+2k_3+k_4)/6$;

③ $x=x+h$;

④ 输出 x, y。

例 6.2　用标准四阶龙格-库塔方法求解

$$\begin{cases} \dfrac{dy}{dx} = y - \dfrac{2x}{y} \quad (0 \leqslant x \leqslant 1) \\ y(0) = 1 \end{cases}$$

取 h=0.1。

解　据标准四阶龙格-库塔公式，有

$$\begin{cases} y_{i+1} = y_i + \dfrac{h}{6}(k_1 + 2k_2 + 2k_3 + k_4) \\ k_1 = y_i - \dfrac{2x_i}{y_i} \\ k_2 = y_i + \dfrac{h}{2}k_1 - \dfrac{2x_i + h}{y_i + \dfrac{h}{2}k_1} \\ k_3 = y_i + \dfrac{h}{2}k_2 - \dfrac{2x_i + h}{y_i + \dfrac{h}{2}k_2} \\ k_4 = y_i + hk_3 - \dfrac{2(x_i + h)}{y_i + hk_3} \end{cases}$$

计算结果见表 6-2。

表 6-2

x_i	标准四阶龙格-库塔方法	精确值
0.1	1.095446	1.095445
0.2	1.183217	1.183216
0.3	1.264912	1.264911
0.4	1.341642	1.341641
0.5	1.414216	1.414214
0.6	1.483242	1.483240
0.7	1.549196	1.549193
0.8	1.612455	1.612452
0.9	1.673324	1.673320
1.0	1.732056	1.732051

对照表 6-1 可见，四阶龙格-库塔方法比欧拉方法和改进的欧拉方法的精度高得多。但要注意，龙格-库塔方法的推导基于泰勒展开方法，因而要求所求解具有较好的光滑性。若解的光滑性差，使用四阶龙格-库塔方法求得的数值解的精度可能反而不如低阶方法。因此，在实际计算时，应当针对问题的具体特点选择合适的算法。

6.2.4　变步长的四阶龙格-库塔方法

下面讨论如何通过步长的自动选择，使四阶龙格-库塔方法的计算结果能够满足精度要求。

从节点 x_i 出发，先以 h 为步长，利用四阶龙格-库塔方法，得到 $y(x_{i+1})$的一个近似值，记为 $y_{i+1}^{(h)}$，则有

$$y(x_{i+1})-y_{i+1}^{(h)}=O(h^5)$$

即

$$y(x_{i+1})-y_{i+1}^{(h)}\approx ch^5 \tag{6.13}$$

当 h 充分小时，c 可以近似看成常数。

再将步长折半，即以 $\dfrac{h}{2}$ 为步长，从 x_i 出发，经过两步计算，得到 $y(x_{i+1})$的一个近似值，记为 $y_{i+1}^{(h/2)}$。每计算一步的截断误差约为 $c\left(\dfrac{h}{2}\right)^5$，故有

$$y(x_{i+1})-y_{i+1}^{(h/2)}\approx 2c\left(\frac{h}{2}\right)^5 \tag{6.14}$$

由式（6.14）式和式（6.13）相比可得

$$\frac{y(x_{i+1})-y_{i+1}^{(h/2)}}{y(x_{i+1})-y_{i+1}^{(h)}}\approx\frac{1}{16} \tag{6.15}$$

由式（6.15）整理得到

$$y(x_{i+1}) - y_{i+1}^{(h/2)} \approx \frac{1}{15}(y_{i+1}^{(h/2)} - y_{i+1}^{(h)}) \tag{6.16}$$

设精度要求为ε。当

$$\left|y_{i+1}^{(h/2)} - y_{i+1}^{(h)}\right| \leqslant \varepsilon \tag{6.17}$$

时，由式（6.16）可知，$y_{i+1}^{(h/2)}$即为$y(x_{i+1})$的满足精度要求的近似值；如果

$$\left|y_{i+1}^{(h/2)} - y_{i+1}^{(h)}\right| > \varepsilon$$

则将步长再折半进行计算，直到式（6.17）成立为止，取此时的$y_{i+1}^{(h/2)}$作为$y(x_{i+1})$的近似值。

以上方法称为变步长的四阶龙格-库塔方法。

6.3 线性多步法

6.3.1 线性多步法的计算公式

计算y_{i+1}时只用到前一步的近似值y_i的方法称为单步法。易见，欧拉方法、改进的欧拉方法和标准四阶龙格-库塔方法都是单步法。而计算y_{i+1}时不仅用到y_i，还要用到y_{i-1}, y_{i-2},…, y_{i-k}($k\geqslant1$)的方法称为多步法。实际计算时，多步法必须借助于某种与它同阶的单步法（如龙格-库塔方法等），为它提供启动值$y_1, y_2,\cdots, y_k$。

线性多步法的一般形式为

$$\begin{aligned}y_{i+1} &= \alpha_0 y_i + \alpha_1 y_{i-1} + \cdots + \alpha_k y_{i-k}\\ &\quad + h(\beta_{-1} f(x_{i+1}, y_{i+1}) + \beta_0 f(x_i, y_i) + \beta_1 f(x_{i-1}, y_{i-1}) + \cdots + \beta_k f(x_{i-k}, y_{i-k}))\end{aligned}$$

当$\beta_{-1}=0$时是显式多步法，$\beta_{-1}\neq 0$时是隐式多步法。

已知

$$y(x_{i+1}) = y(x_i) + \int_{x_i}^{x_{i+1}} f(x, y(x))\mathrm{d}x$$

用k次插值多项式$p_k(x)$来近似$f(x, y(x))$，则有

$$y(x_{i+1}) \approx y(x_i) + \int_{x_i}^{x_{i+1}} p_k(x)\mathrm{d}x$$

据此可得线性多步法的计算公式

$$y_{i+1} = y_i + \int_{x_i}^{x_{i+1}} p_k(x)\mathrm{d}x \tag{6.18}$$

下面以四阶阿达姆斯（Adams）方法为例说明线性多步法的计算公式的推导。

6.3.2 阿达姆斯方法

1. 阿达姆斯显式方法

选取四个点x_{i-3}、x_{i-2}、x_{i-1}、x_i为插值节点，于是$F(x)=f(x, y(x))$的插值多项式

$$p_3(x) = \sum_{j=i-3}^{i}\left[f(x_j, y(x_j))\prod_{\substack{k=i-3\\k\neq j}}^{i}\frac{x - x_k}{x_j - x_k}\right]$$

$$
\begin{aligned}
&=\frac{(x-x_{i-1})(x-x_{i-2})(x-x_{i-3})}{(x_i-x_{i-1})(x_i-x_{i-2})(x_i-x_{i-3})}f(x_i,y(x_i))\\
&\quad+\frac{(x-x_i)(x-x_{i-2})(x-x_{i-3})}{(x_{i-1}-x_i)(x_{i-1}-x_{i-2})(x_{i-1}-x_{i-3})}f(x_{i-1},y(x_{i-1}))\\
&\quad+\frac{(x-x_i)(x-x_{i-1})(x-x_{i-3})}{(x_{i-2}-x_i)(x_{i-2}-x_{i-1})(x_{i-2}-x_{i-3})}f(x_{i-2},y(x_{i-2}))\\
&\quad+\frac{(x-x_i)(x-x_{i-1})(x-x_{i-2})}{(x_{i-3}-x_i)(x_{i-3}-x_{i-1})(x_{i-3}-x_{i-2})}f(x_{i-3},y(x_{i-3}))
\end{aligned}
$$

将 $p_3(x)$代入式（6.18）中，并作变量替换 $x=x_i+uh$，可得

$$
\begin{aligned}
y_{i+1}&=y_i+\frac{h}{6}f(x_i,y(x_i))\int_0^1(u+1)(u+2)(u+3)\mathrm{d}u\\
&\quad-\frac{h}{2}f(x_{i-1},y(x_{i-1}))\int_0^1 u(u+2)(u+3)\mathrm{d}u\\
&\quad+\frac{h}{2}f(x_{i-2},y(x_{i-2}))\int_0^1 u(u+1)(u+3)\mathrm{d}u\\
&\quad-\frac{h}{6}f(x_{i-3},y(x_{i-3}))\int_0^1 u(u+1)(u+2)\mathrm{d}u\\
&=y_i+\frac{h}{24}[55f(x_i,y(x_i))-59f(x_{i-1},y(x_{i-1}))\\
&\quad+37f(x_{i-2},y(x_{i-2}))-9f(x_{i-3},y(x_{i-3}))]
\end{aligned}
$$

用 y_{i-k} 替代 $y(x_{i-k})$ $(k=0,1,2,3)$，则有

$$
y_{i+1}=y_i+\frac{h}{24}[55f(x_i,y_i)-59f(x_{i-1},y_{i-1})+37f(x_{i-2},y_{i-2})-9f(x_{i-3},y_{i-3})] \tag{6.19}
$$

称为阿达姆斯显式公式。

设 $y_{i-k}=y(x_{i-k})$ $(k=0,1,2,3)$，则式（6.19）的局部截断误差为 $O(h^5)$，即阿达姆斯显式方法是四阶的。

2. 阿达姆斯隐式方法

选取四个点 x_{i-2}、x_{i-1}、x_i、x_{i+1} 为插值节点，于是 $F(x)=f(x,y(x))$的插值多项式

$$
\begin{aligned}
p_3(x)&=\sum_{j=i-2}^{i+1}\left[f(x_j,y(x_j))\prod_{\substack{k=i-2\\k\neq j}}^{i+1}\frac{x-x_k}{x_j-x_k}\right]\\
&=\frac{(x-x_i)(x-x_{i-1})(x-x_{i-2})}{(x_{i+1}-x_i)(x_{i+1}-x_{i-1})(x_{i+1}-x_{i-2})}f(x_{i+1},y(x_{i+1}))\\
&\quad+\frac{(x-x_{i+1})(x-x_{i-1})(x-x_{i-2})}{(x_i-x_{i+1})(x_i-x_{i-1})(x_i-x_{i-2})}f(x_i,y(x_i))\\
&\quad+\frac{(x-x_{i+1})(x-x_i)(x-x_{i-2})}{(x_{i-1}-x_{i+1})(x_{i-1}-x_i)(x_{i-1}-x_{i-2})}f(x_{i-1},y(x_{i-1}))\\
&\quad+\frac{(x-x_{i+1})(x-x_i)(x-x_{i-1})}{(x_{i-2}-x_{i+1})(x_{i-2}-x_i)(x_{i-2}-x_{i-1})}f(x_{i-2},y(x_{i-2}))
\end{aligned}
$$

将 $p_3(x)$ 代入式（6.18）中，并作变量替换 $x=x_i+uh$，可得

$$\begin{aligned} y_{i+1} = y_i &+ \frac{h}{6} f(x_{i+1}, y(x_{i+1})) \int_0^1 u(u+1)(u+2)\mathrm{d}u \\ &- \frac{h}{2} f(x_i, y(x_i)) \int_0^1 (u-1)(u+1)(u+2)\mathrm{d}u \\ &+ \frac{h}{2} f(x_{i-1}, y(x_{i-1})) \int_0^1 (u-1)u(u+2)\mathrm{d}u \\ &- \frac{h}{6} f(x_{i-2}, y(x_{i-2})) \int_0^1 (u-1)u(u+1)\mathrm{d}u \\ = y_i &+ \frac{h}{24}[9f(x_{i+1}, y(x_{i+1})) + 19f(x_i, y(x_i)) \\ &- 5f(x_{i-1}, y(x_{i-1})) + f(x_{i-2}, y(x_{i-2}))] \end{aligned}$$

用 y_{i-k} 替代 $y(x_{i-k})$ $(k=-1,0,1,2)$，则有

$$y_{i+1} = y_i + \frac{h}{24}[9f(x_{i+1}, y_{i+1}) + 19f(x_i, y_i) - 5f(x_{i-1}, y_{i-1}) + f(x_{i-2}, y_{i-2})] \tag{6.20}$$

称为阿达姆斯隐式公式。

设 $y_{i-k}=y(x_{i-k})$ $(k=0,1,2)$，则公式（6.20）的局部截断误差是 $O(h^5)$，即阿达姆斯隐式方法也是四阶的。

无论单步法还是多步法，一般隐式公式都比显式公式的稳定性好，所以常把隐式公式和显式公式联合起来使用。将式（6.19）和式（6.20）联合起来，即得阿达姆斯预测-校正公式

$$\begin{cases} \overline{y}_{i+1} = y_i + \dfrac{h}{24}[55f(x_i, y_i) - 59f(x_{i-1}, y_{i-1}) + 37f(x_{i-2}, y_{i-2}) - 9f(x_{i-3}, y_{i-3})] \\ y_{i+1} = y_i + \dfrac{h}{24}[9f(x_{i+1}, \overline{y}_{i+1}) + 19f(x_i, y_i) - 5f(x_{i-1}, y_{i-1}) + f(x_{i-2}, y_{i-2})] \end{cases}$$

其中第一个公式称为预报公式，第二个公式称为校正公式。其局部截断误差为 $O(h^5)$，即阿达姆斯预测-校正方法也是四阶的。

例 6.3　分别用四阶阿达姆斯显式方法和四阶阿达姆斯预测-校正方法求解

$$\begin{cases} \dfrac{\mathrm{d}y}{\mathrm{d}x} = y - \dfrac{2x}{y} \quad (0 \leqslant x \leqslant 1) \\ y(0) = 1 \end{cases}$$

取 $h=0.1$。

解　计算结果见表 6-3（y_1、y_2 和 y_3 用标准四阶龙格-库塔方法求得）。

表 6-3

x_i	标准四阶龙格-库塔法	阿达姆斯显式方法	阿达姆斯预测-校正方法	精确值
0.1	1.095446			1.095445
0.2	1.183217			1.183216

续表

x_i	标准四阶龙格-库塔法	阿达姆斯显式方法	阿达姆斯预测-校正方法	精确值
0.3	1.264912			1.264911
0.4		1.341551	1.341641	1.341641
0.5		1.414114	1.414214	1.414214
0.6		1.483037	1.483240	1.483240
0.7		1.548964	1.549193	1.549193
0.8		1.612176	1.612452	1.612452
0.9		1.672982	1.673320	1.673320
1.0		1.731645	1.732051	1.732051

6.4　一阶常微分方程组和高阶常微分方程的数值解法

6.4.1　一阶常微分方程组的数值解法

一阶常微分方程的各种数值解法，都可以直接推广到一阶常微分方程组。下面以含两个方程的常微分方程组

$$\begin{cases} y' = f(x,y,z), & y(x_0) = y_0 \\ z' = g(x,y,z), & z(x_0) = z_0 \end{cases} \quad (x_0 \leqslant x \leqslant x_n)$$

为例给出几个公式。

（1）欧拉公式：

$$\begin{cases} y_{i+1} = y_i + hf(x_i, y_i, z_i) \\ z_{i+1} = z_i + hg(x_i, y_i, z_i) \end{cases} \quad (i=0,1,2,\cdots,n-1)$$

（2）改进的欧拉公式：

$$\begin{cases} \overline{y}_{i+1} = y_i + hf(x_i, y_i, z_i) \\ \overline{z}_{i+1} = z_i + hg(x_i, y_i, z_i) \\ y_{i+1} = y_i + \dfrac{h}{2}[f(x_i, y_i, z_i) + f(x_{i+1}, \overline{y}_{i+1}, \overline{z}_{i+1})] \\ z_{i+1} = z_i + \dfrac{h}{2}[g(x_i, y_i, z_i) + g(x_{i+1}, \overline{y}_{i+1}, \overline{z}_{i+1})] \end{cases} \quad (i=0,1,2,\cdots,n-1)$$

（3）标准四阶龙格-库塔公式：

$$\begin{cases} y_{i+1} = y_i + \dfrac{h}{6}(k_1 + 2k_2 + 2k_3 + k_4) \\ z_{i+1} = z_i + \dfrac{h}{6}(m_1 + 2m_2 + 2m_3 + m_4) \\ k_1 = f(x_i, y_i, z_i) \\ k_2 = f(x_i + \dfrac{h}{2}, y_i + \dfrac{h}{2}k_1, z_i + \dfrac{h}{2}m_1) \\ k_3 = f(x_i + \dfrac{h}{2}, y_i + \dfrac{h}{2}k_2, z_i + \dfrac{h}{2}m_2) \quad (i=0,1,2,\cdots,n-1) \\ k_4 = f(x_i + h, y_i + hk_3, z_i + hm_3) \\ m_1 = g(x_i, y_i, z_i) \\ m_2 = g(x_i + \dfrac{h}{2}, y_i + \dfrac{h}{2}k_1, z_i + \dfrac{h}{2}m_1) \\ m_3 = g(x_i + \dfrac{h}{2}, y_i + \dfrac{h}{2}k_2, z_i + \dfrac{h}{2}m_2) \\ m_4 = g(x_i + h, y_i + hk_3, z_i + hm_3) \end{cases} \tag{6.21}$$

（4）四阶阿达姆斯预测-校正公式：

$$\begin{cases} \overline{y}_{i+1} = y_i + \dfrac{h}{24}[55f(x_i, y_i, z_i) - 59f(x_{i-1}, y_{i-1}, z_{i-1}) + 37f(x_{i-2}, y_{i-2}, z_{i-2}) - 9f(x_{i-3}, y_{i-3}, z_{i-3})] \\ \overline{z}_{i+1} = z_i + \dfrac{h}{24}[55g(x_i, y_i, z_i) - 59g(x_{i-1}, y_{i-1}, z_{i-1}) + 37g(x_{i-2}, y_{i-2}, z_{i-2}) - 9g(x_{i-3}, y_{i-3}, z_{i-3})] \\ y_{i+1} = y_i + \dfrac{h}{24}[9f(x_{i+1}, \overline{y}_{i+1}, \overline{z}_{i+1}) + 19f(x_i, y_i, z_i) - 5f(x_{i-1}, y_{i-1}, z_{i-1}) + f(x_{i-2}, y_{i-2}, z_{i-2})] \\ z_{i+1} = z_i + \dfrac{h}{24}[9g(x_{i+1}, \overline{y}_{i+1}, \overline{z}_{i+1}) + 19g(x_i, y_i, z_i) - 5g(x_{i-1}, y_{i-1}, z_{i-1}) + g(x_{i-2}, y_{i-2}, z_{i-2})] \end{cases}$$

$$(i=0,1,2,\cdots,n-1)$$

6.4.2 高阶常微分方程的数值解法

任一高阶常微分方程总可以转化为一阶常微分方程组。例如，对二阶常微分方程

$$\begin{cases} y'' = g(x, y, y') \\ y(x_0) = y_0, \ y'(x_0) = z_0 \end{cases} \quad (x_0 \leqslant x \leqslant x_n) \tag{6.22}$$

可令 $z = y'$，便将其转化为一阶常微分方程组

$$\begin{cases} y' = z, & y(x_0) = y_0 \\ z' = g(x, y, z), & z(x_0) = z_0 \end{cases} \quad (x_0 \leqslant x \leqslant x_n)$$

对其应用标准四阶龙格-库塔公式（6.21），则有

$$\begin{cases} y_{i+1} = y_i + \dfrac{h}{6}(k_1 + 2k_2 + 2k_3 + k_4) \\ z_{i+1} = z_i + \dfrac{h}{6}(m_1 + 2m_2 + 2m_3 + m_4) \end{cases}$$

$$\begin{cases} k_1 = z_i \\ k_2 = z_i + \dfrac{h}{2}m_1 \\ k_3 = z_i + \dfrac{h}{2}m_2 \\ k_4 = z_i + hm_3 \\ m_1 = g(x_i, y_i, z_i) \\ m_2 = g(x_i + \dfrac{h}{2}, y_i + \dfrac{h}{2}k_1, z_i + \dfrac{h}{2}m_1) \\ m_3 = g(x_i + \dfrac{h}{2}, y_i + \dfrac{h}{2}k_2, z_i + \dfrac{h}{2}m_2) \\ m_4 = g(x_i + h, y_i + hk_3, z_i + hm_3) \end{cases} \quad (i=0,1,2,\cdots,n-1)$$

消去其中的 k_1，k_2，k_3，k_4，即得二阶常微分方程初值问题[式（6.22）]的标准四阶龙格-库塔公式

$$\begin{cases} y_{i+1} = y_i + hz_i + \dfrac{h^2}{6}(m_1 + m_2 + m_3) \\ z_{i+1} = z_i + \dfrac{h}{6}(m_1 + 2m_2 + 2m_3 + m_4) \\ m_1 = g(x_i, y_i, z_i) \\ m_2 = g(x_i + \dfrac{h}{2}, y_i + \dfrac{h}{2}z_i, z_i + \dfrac{h}{2}m_1) \\ m_3 = g(x_i + \dfrac{h}{2}, y_i + \dfrac{h}{2}z_i + \dfrac{h^2}{4}m_1, z_i + \dfrac{h}{2}m_2) \\ m_4 = g(x_i + h, y_i + hz_i + \dfrac{h^2}{2}m_2, z_i + hm_3) \end{cases} \quad (i=0,1,2,\cdots,n-1)$$

其他公式亦可类似得出，在此不一一列举。

习　题　6

6.1　用欧拉方法求解下列初值问题，取步长 h=0.1。

（1）$\begin{cases} y' = -y + 2(x+1) \quad (0 \leqslant x \leqslant 1) \\ y(0) = 1 \end{cases}$；

（2）$\begin{cases} y' = \dfrac{1}{2}(x+1)y^2 \quad (0 \leqslant x \leqslant 1) \\ y(0) = 1 \end{cases}$。

6.2　用改进的欧拉方法求解下列初值问题，取步长 h=0.1。

（1）$\begin{cases} y' = x + y \quad (0 \leqslant x \leqslant 1) \\ y(0) = 1 \end{cases}$；

（2）$\begin{cases} y' = xy^2 \quad (0 \leqslant x \leqslant 1) \\ y(0) = 1 \end{cases}$。

6.3　用标准四阶龙格-库塔方法求解下列初值问题，取步长 h=0.2。

（1）$\begin{cases} y' = \dfrac{3y}{1+x} \quad (0 \leqslant x \leqslant 1) \\ y(0) = 1 \end{cases}$；

（2）$\begin{cases} y' = x^2 + x^3 y \quad (1 \leqslant x \leqslant 2) \\ y(1) = 1 \end{cases}$。

6.4　用四阶阿达姆斯预测-校正方法求解下列初值问题，取步长 h=0.2。

$$\begin{cases} y' = -xy^2 \quad (0 \leqslant x \leqslant 1) \\ y(0) = 2 \end{cases}$$

6.5　将高阶常微分方程

$$\begin{cases} y'' - 0.1(1 - y^2)y' + y = 0 \\ y(0) = 1,\ y'(0) = 1 \end{cases}$$

化成一阶常微分方程组，并给出相应的标准四阶龙格-库塔公式。

第 7 章　算法的程序实现

7.1　秦九韶算法和对分法

1．利用秦九韶算法计算多项式 $P_n(x) = a_n x^n + a_{n-1} x^{n-1} + \cdots + a_1 x + a_0$ 的值。例如，计算 $3x^2+2x+1$，当 $x=-1$ 时值为 2。

（1）C 程序填空。

```
#include <stdio.h>
void main()
{ float a[20],y,x;    int i,n;
  printf("请输入多项式的次数 n:\n");
  ____【1】____;
  printf("请按降幂顺序输入%d 个系数\n",n+1);
  for(i=n;i>=0;i--)
     scanf("%f",&a[i]);
  printf("请输入 x\n");
  scanf("%f",&x);
  _____【2】_____;
  for(i=n-1;i>=0;____【3】____)
   y= _____【4】_____;
  printf("多项式值为%f\n",y);
}
```

（2）VB 程序填空。

```
Private Sub Form_Click()
   Dim a(0 To 20) As Single, y As Single, x As Single
   Dim i As Integer, n As Integer
   n=InputBox("输入多项式的次数")
   For i=n To 0 step -1
      ____【1】____= InputBox("输入 a(" & Str(i) & ")")
   Next i
   x=InputBox("输入 x")
   y=____【2】____
   For i=n-1 To 0 step -1
      y=____【3】____
   Next i
   Print "多项式的值为:"; y
End Sub
```

(3) MATLAB 程序。

```
%秦九韶算法求多项式的值
n=input('输入多项式次数 n')
disp(['输入',num2str(n+1),'个系数'])  % num2str 函数把数值转换为字符串
a=input('输入系数 a')
x=input('输入 x')
y=a(n+1);          %MATLAB 中下标值不能为 0,故多项式系数的下标从 n+1 到 1
for i=n:-1:1;      %MATLAB 中下标值不能为 0
    y=y*x+a(i);
end
disp(['多项式值为',num2str(y)])
```

(4) 使用 MATLAB 命令求多项式的值。

```
>> a=[3 2 1];
>> polyval(a,-1)
```

说明：polyval(a,−1)就是求系数为 a，x=−1 的多项式的值。

2. 用对分法求出方程 $x^3-2x^2-4x-7=0$ 在区间[3,4]内的根，精度要求为 10^{-5}，方程的根为 3.631981。

(1) C 程序填空。

```
#include "stdio.h"
float f(float x)
{return x*x*x-2*x*x-4*x-7;}

main()
{float a,b,eps=1e-5,c;
  scanf("%f%f",&a,&b);
  while(______【1】______)
       {______【2】______;
         if(f(c)==0) break;
         else if______【3】______
              b=c;
         else
                ______【4】______;
       }
  printf("root=%f\n",c);
}
```

(2) VB 程序填空。

```
Private Function f(x!)        '定义函数,求出的值赋给函数名
    ______【1】______=x^3-2*x^2-4*x-7
```

```
End Function

Private Sub Form_Click()
  Dim a!, b!, x!, c!
  a=3:b=4
  Do While Abs(b - a) > 0.00001
    ____【2】____                     ' c 赋值为[a,b]区间的中点
    If f(c)=0 Then
      Exit Do
    ElseIf ____【3】____Then
      ____【4】____
    Else
      a=c
    End If
  Loop
  Print "方程的根为:"; ____【5】____
End Sub
```

（3）MATLAB 程序。

用对分法求方程 $x^3-2x^2-4x-7=0$ 在区间[3,4]内的根。

使用函数文件完成，运行方式为在命令窗口输入 duifen(3,4)，即可得到结果 3.6320。format long 之后，可以得到 3.631980895996094。

```
function y1=duifen(a,b)
while b-a>1e-5
    c=(a+b)/2;
    if fx(c)==0
        break
    else if fx(a)*fx(c)<0
            b=c;
        else
            a=c;
        end
    end
    y1=c;
end

function y=fx(x)
    y=x^3-2*x^2-4*x-7 ;
```

（4）使用 MATLAB 命令求代数方程的根。

A 为多项式系数降幂排列。

```
>> a=[1 0 -5 1 2];
>> roots(a)
ans =
   -2.2470
    2.0000
    0.8019
   -0.5550

>> b=[1 -2 -4 -7];
>> roots(b)
ans =
   3.6320
  -0.8160 + 1.1232i
  -0.8160 - 1.1232i
```

roots 函数可以求出方程的虚根。

扩展：将对分法求根的部分改用函数完成。

3．求方程 $x^4-5x^2+x+2=0$ 的实根的上、下界，用扫描法实现根的隔离，并用对分法求出所有的实根，精度要求为 10^{-5}。此方程 4 个实根的近似值分别为

root=−2.246983　　root=−0.554953　　root=0.801944　　root=2.000003

提示：实根的上、下界可以输入，用扫描法实现根的隔离，然后再对隔根区间使用对分法。

（1）C 程序填空。

```
#include "stdio.h"
float f(float x)
{return x*x*x*x-5*x*x+x+2;}
float df(float a,float b)
 {float c;float eps;
  /*对分法求根部分*/
  ______【1】______
return c;
 }

main()
{float a,b,x,h,eps,c;
 int i=0;
 a=-6; b=6;h=0.1;eps=1e-5;
 x=a;
 while(x<=b-h/2)
 {  if(______【2】______)
      {printf("[%f,%f]\n",x,x+h);
```

```
        i++;
        c=_____【3】_____;
        printf("x%d=%f\n",i,c);
        }
     x=_____【4】_____;
   }
   }
```

（2）VB 程序填空。

```
Function fun(x As Single) As Single
      fun=x^4-5*x^2+x+2
End Function
Function duifen(a!, b!, eps!)
    Dim c As Single
    _____【1】_____                    '对分法求根部分,c 为求出的根
    duifen = c
End Function
Private Sub Form_Click()
  Dim a!, b!, eps!, r!, x!, h!, p!, q!
    a=-6:b=6:eps=0.00001
    x=a:h=0.1
    Do While _____【2】_____
        If _____【3】_____Then
            p=x:q=x+h
            Print "隔根区间["; p; ","; q; "]";
            r=_____【4】_____
            Print "根="; r
        End If
        _____【5】_____
    Loop
End Sub
```

（3）MATLAB 程序。

先扫描出隔根区间，再用对分法求根，使用函数文件完成。

format long 之后，可以得到

$$-2.246978759765630 \quad -0.554962158203129$$
$$0.801934814453120 \quad 2.000006103515621$$

```
function rr=saomiao_duifen()
  a1=-6; b1=6; h=0.1; x1=a1; i=0;
  while x1<b1
      if f(x1)*f(x1+h)<=0
```

```
          i=i+1;
          rr(i)=df(x1,x1+h);
        end
      x1=x1+h;
  end

function y1=df(a,b)
  while b-a>1e-5
    c=(a+b)/2;
    if f(c)==0
        break
    else if f(a)*f(c)<0
           b=c;
        else
           a=c;
        end
    end
    y1=c;
 end
%注意:函数不可以用 end 结束
  function y=f(x)
 y=x^4-5*x^2+x+2 ;
```

运行结果为

```
ans=
-2.2470   -0.5550    0.8019    2.0000
```

7.2　牛顿法和弦割法

1. 用牛顿法求 a 的立方根，精度要求为 0.00001。

（1）C 程序填空。

```
#include "stdio.h"
______【1】______
main ()
{______【2】______;
int a;
printf("input a\n");
scanf("%d",&a);
if (a==0) {printf("a=0\n");exit(0);}
  x1=a;
do
```

```
  {______【3】______;
  x1=______【4】______;
  }
  while(fabs(x0-x1)>=1e-5);
printf ("root=%f\n",x1);
}
```

（2）VB 程序填空。

```
Private Sub Form_Click()
  Dim x0 As Single, x1 As Single
  Dim a As Integer
  a=InputBox("输入 a")
  If a=0 Then
     Print "a 的立方根=0"
     End
  End If
 x1=______【1】______
 Do
   x0=______【2】______
   x1=______【3】______
 Loop While______【4】______> 0.00001
 Print "a 的立方根为:"; x1
End Sub
```

（3）MATLAB 程序。

```
a=input('求 a 的立方根,请输入 a');
x=a;
i=0;
x1=x-(x^3-a)/(3*x^2);
while abs(x-x1)>1e-5
    x=x1;
    i=i+1;
    x1=x-(x^3-a)/(3*x^2);
end
disp(['迭代',num2str(i),'次,根为:',num2str(x1)])
```

（4）使用 MATLAB 命令求初值附近的根。

```
>> fsolve('x-exp(-x)',1)
>> fsolve('x^3-x^2-2*x-3',2)
>> fsolve('x-sin(x)-0.5',1)
```

2．编写牛顿法求以下方程根的程序，精度要求为 10^{-5}。

（1）$x^3 - x^2 - 2x - 3 = 0$ 在 2 附近的根。

（2）$x - \sin x = 0.5$ 在 1 附近的根。

（3）$x - e^{-x} = 0$ 在 1 附近的根。

计算结果分别为①2.374424；②1.497300；③0.5671。

3．用弦割法解方程 $x + \sin x = 1$，精度要求为 10^{-4}，取初值 x_0=0，x_1=1。

```
#include "stdio.h"
#include "math.h"
main ()
{ float x0=0,x1=1,x2;
  int i=1;
  float f2(float x ),f1(float x0,float x1);
  do
   { x2=f1(x0,x1);
     x0=x1;
     ______【1】______;
     i++;
   }
   while (______【2】______);
   printf ("root=%f,i=%d\n",x2,i);
   if (i>30)printf ("not converged");
}

float  f2( float x)
{float y;
 y=x+sin(x)-1;
 return (y);
}

float f1(float x0,float x1)
{float y;
 y=______【3】______;
 return (y);
}
```

7.3　线性方程组的直接法

1．用按列选主元的高斯消元法计算出下面三个方程组的解。

（1）$\begin{bmatrix} 2 & 2 & 3 \\ 4 & 7 & 7 \\ -2 & 4 & 5 \end{bmatrix}\begin{bmatrix} x_1 \\ x_2 \\ x_3 \end{bmatrix} = \begin{bmatrix} 3 \\ 1 \\ -7 \end{bmatrix}$；　　（2）$\begin{cases} x_1 - x_2 + x_3 = -4 \\ 3x_1 - 4x_2 + 5x_3 = -12 \\ x_1 + x_2 + 2x_3 = 11 \end{cases}$；

（3）$\begin{bmatrix} 1 & 2 & 1 & -2 \\ 2 & 5 & 3 & -2 \\ -2 & -2 & 3 & 5 \\ 1 & 3 & 2 & 5 \end{bmatrix}\begin{bmatrix} x_1 \\ x_2 \\ x_3 \\ x_4 \end{bmatrix}=\begin{bmatrix} -1 \\ 3 \\ 15 \\ 9 \end{bmatrix}$。

计算结果分别为：（1）$\begin{cases} x_1=2 \\ x_2=-2 \\ x_3=1 \end{cases}$；　（2）$\begin{cases} x_1=-1 \\ x_2=6 \\ x_3=3 \end{cases}$；　（3）$\begin{cases} x_1=-3 \\ x_2=1 \\ x_3=2 \\ x_4=1 \end{cases}$。

（1）C 程序填空。

```
#include "stdio.h"
#include "math.h"
#define N 3
 main()
{
    int i,j,k,r;
     float t,d,l,a[N][N+1];
     for(i=0;i<N;i++)
         for(j=0;j<N+1;j++)
             ______【1】______;
     for(k=0;k<N-1;k++)
     {  r=k;
       for (i=k+1;i<N;i++)
            if (fabs(a[i][k])>fabs(a[r][k]))  ______【2】______;
       if (fabs(a[r][k])<1e-6)  printf("data error");
       if (r!=k)
           for(j=k;j<N+1;j++)
             {t=a[r][j];______【3】______;a[k][j]=t;}
       for (i=k+1;i<N;i++)
           {l=______【4】______;
               for(j=k+1;j<N+1;j++)
                      a[i][j]=______【5】______;
            }
       }
     for(k=N-1;______【6】______;k--)
       {t=0;
        for(j=k+1;j<N;j++)
              t=______【7】______;
        a[k][N]=(a[k][N]-t)/______【8】______;
       }
   for (i=0;i<N;i++)
```

```
        printf("x%d=%f\n",i+1,a[i][N]);
    }
```

（2）VB 程序填空。

```
Private Sub Form_Click()
Dim a!(1 To 3, 1 To 4), t#, i!, j!, k!, r!, l#, x!(1 To 3)
For i=1 To 3
 For j=1 To 4
 a(i, j)=InputBox("输入一个数")
 Print a(i, j);
 Next j
 Print
Next i
For k=1 To 2
 r=k
 For i=k + 1 To 3
  If Abs(a(i, k)) > Abs(a(r, k)) Then ____【1】____
 Next i
   If r <> k Then
     For i=1 To 4
       t=a(k, i)
      ____【2】____
       a(r, i)=t
     Next i
   End If
  For i=k + 1 To 3
    l=____【3】____
      For j=k + 1 To 4
     a(i, j)=____【4】____
    Next j
  Next i
Next k
For k=3 To 1____【5】____
 s=0
 For j=k + 1 To 3
  s=s +____【6】____
 Next j
x(k)=(____【7】____) / a(k, k)
Next k
For i=1 To 3
 Print x(i)
```

```
Next i
End Sub
```

（3）MATLAB 程序。

以下程序段定义一个函数，以文件名 fzhuyuan.m 存盘。

```
function X=Fzhuyuan(A,b)
%按列选主元高斯消元法
zg=[A b]; n=length(b);
ra=rank(A); rz=rank(zg);temp1=rz-ra;
if temp1>0,
disp('方程组无一般意义下的解')
return
end
if ra==rz
   if ra==n
      X=zeros(n,1); C=zeros(1,n+1);
      for p= 1:n-1
          [Y,j]=max(abs(zg(p:n,p))); C=zg(p,:);
          zg(p,:)= zg(j+p-1,:); zg(j+p-1,:)=C;
          for k=p+1:n
            m= zg(k,p)/ zg(p,p);
            zg(k,p:n+1)= zg(k,p:n+1)-m* zg(p,p:n+1);
          end
      end
       b=zg(1:n,n+1);A=zg(1:n,1:n); X(n)=b(n)/A(n,n);
       for q=n-1:-1:1
          X(q)=(b(q)-sum(A(q,q+1:n)*X(q+1:n)))/A(q,q);
      end
  else
      disp('方程组为欠定方程组')
  end
end
```

在命令窗口输入以下命令即可得到结果：

```
>> a=[0 2 0 1;2 2 3 2;4 -3 0 1;6 1 -6 -5];
>> b=[0 -2 -7 6]';
>> x=Fzhuyuan(a,b)
x =
   -0.5000
    1.0000
    0.3333
   -2.0000
```

（4）用 MATLAB 命令解方程组。

```
>> a=[2 2 3;4 7 7;-2 4 5];
>> b=[3;1;-7];
>> x=a\b
x =
    2.0000
   -2.0000
    1.0000
```

2. 用 *LU* 分解法解线性方程组，系数矩阵由二维数组 *a* 给出，右端项由 *b* 数组给出。

（1）C 程序填空。

```
#include "stdio.h"
#include "math.h"
 main ()
 { int i,j,k,m,n=4;
  float b[4]={1,1,-1,-1},x[4],y[4],t;
  float a[4][4]={{4,3,2,1},{3,4,3,2},{2,3,4,3},{1,2,3,4}} ,l[4][4],
u[4][4] ;
  for (k=0;k<n;k++)
    {
     for (_____【1】_____)
      {t=0;
       for (m=0;m<=k-1;m++)
           t=t+_____【2】_____;
       u[k][j]=_____【3】_____;
       }
     for (i=k+1;i<n;i++)
        {t=0;
         for ( m=0;m<=k-1;m++ )
               t=t+l[i][m]*u[m][k];
         l[i][k]=_____【4】_____;
         }
     }
   for (i=0;i<n;i++)
      { _____【5】_____;
       for (j=0;j<=i-1;j++)
         t=t+l[i][j]*y[j];
       y[i]=_____【6】_____;
        }
   for (i=n-1;i>=0;i--)
```

```
       {t=0;
        for (______【7】______)
           t=t+u[i][k]*x[k];
        x[i]=______【8】______;
       }
   for (i=0;i<n;i++)
      printf ("%10.4f",x[i]);
 }
```

（2）VB 程序填空。

```
Private Sub Form_Click()
Const n = 4
Dim a(1 To n, 1 To n) As Single, l(1 To n, 1 To n) As Single
Dim u(1 To n, 1 To n) As Single
Dim x!(1 To n), y!(1 To n), b!(1 To n), s#, i!, j!, k!, r
For i=1 To n
  For j=1 To n
    a(i, j)= InputBox("输入 a 数组")
    Print a(i, j),
  Next j
  Print
Next i
For i=1 To n
  ______【1】______= InputBox("输入 b 数组")
 Print b(i)
Next i
 Print
For k=1 To n
  For j=k To n
    s=0
    For r=1 To k-1
       s=s +______【2】______
    Next r
   u(k, j)=______【3】______
 Next j
 For i=k+1 To n
       ______【4】______
   For r=1 To k-1
    s=s + l(i, r) * u(r, k)
   Next r
   l(i, k)=______【5】______
 Next i
```

```
Next k
 For i=1 To n
   s=0
   For k=1 To i-1
     s=s +______【6】______
   Next k
     ______【7】______
 Next i
 For i=n To 1 Step -1
   s=0
  For k=i + 1 To n
      s=s +______【8】______
  Next k
    ______【9】______
 Next i
 For i=1 To n
    Print x(i)
 Next i
End Sub
```

（3）用 MATLAB 命令解方程组。

```
>> a=[0 2 0 1;2 2 3 2;4 -3 0 1;6 1 -6 -5];
>> b=[0 -2 -7 6]';
>> [l,u]=lu(a);
>> x=u\(l\b)
x =
   -0.5000
    1.0000
    0.3333
   -2.0000
```

3．填空完成用高斯-约当消元法解方程组的程序。

```
#include "stdio.h"
#include "math.h"
#define N 3
main()
{int i,j; float a[N+1][N+2],x;
 void gauss_joan(float a[N+1][N+2];
   for(i=1;i<=N;i++)
    for(j=1;j<N+2;j++)
       ______【1】______;
   gauss_joan(a);
```

```
  for(i=1;i<=N;i++)
   printf("%9.1f",a[i][N+1]);
   printf("\n");
}
void gauss_joan(float a[N+1][N+2])
  {int k,i,j,m,n,r;float l,t,s,y=1;
   for(k=1;k<=N;k++)
    { r=k;
     for(i=k+1;i<=N;i++)
       if(fabs(a[r][k])<fabs(a[i][k]))______【2】______;
     if(fabs(a[r][k])<1e-5) {printf("data error!\n");return;}
     if(r!=k)
      for(______【3】______)
        {t=a[k][j];a[k][j]=a[r][j];a[r][j]=t;}
      for(j=k+1;j<=N+1;j++)
          ______【4】______;
     for(i=1;i<=N;i++)
     {if(i!=k)
      for(j=k+1;j<=N+1;j++)
         ______【5】______;
     }
    }
}
```

7.4　线性方程组的迭代法

用雅可比迭代和高斯-塞德尔迭代解线性方程组，本实验的试算数据如下：

（1）$\begin{bmatrix} 27 & 6 & -1 \\ 6 & 15 & 2 \\ 1 & 1 & 54 \end{bmatrix}\begin{bmatrix} x_1 \\ x_2 \\ x_3 \end{bmatrix}=\begin{bmatrix} 85 \\ 72 \\ 110 \end{bmatrix}$　　（2）$\begin{bmatrix} 5 & -1 & -1 & -1 \\ -1 & 10 & -1 & -1 \\ -1 & -1 & 5 & -1 \\ -1 & -1 & -1 & 10 \end{bmatrix}\begin{bmatrix} x_1 \\ x_2 \\ x_3 \\ x_4 \end{bmatrix}=\begin{bmatrix} -4 \\ 12 \\ 8 \\ 34 \end{bmatrix}$

计算结果分别如下：

（1）雅可比迭代：$\begin{cases} x_1 = 2.42547 \\ x_2 = 3.57301 \\ x_3 = 1.92595 \end{cases}$　　高斯-塞德尔迭代：$\begin{cases} x_1 = 2.42548 \\ x_2 = 3.57302 \\ x_3 = 1.92595 \end{cases}$

（2）雅可比迭代：$\begin{cases} x_1 = 0.99999 \\ x_2 = 2.00000 \\ x_3 = 2.99999 \\ x_4 = 4.0000 \end{cases}$　　高斯-塞德尔迭代：$\begin{cases} x_1 = 1.00000 \\ x_2 = 2.00000 \\ x_3 = 3.00000 \\ x_4 = 4.00000 \end{cases}$

1．用雅可比迭代法解线性方程组，精度要求为 10^{-5}。

（1）C 程序。

可参考第 2 题的程序自己编写。

（2）VB 程序填空。

```
Option Base 1
Function cha(x!(), y!()) As Single
 Dim z As Single, i As Integer, k As Integer
 n=3
 z=Abs(x(1) - y(1))
 For i=2 To n
   If ______【1】______Then z = Abs(x(i) - y(i))
 Next i
 cha=z
End Function
Private Sub Form_Click()
 Dim a1, x(3) As Single, y(3) As Single
 Dim t As Single, s As Single, a(3, 3) As Single
 Dim i As Integer, j As Integer, k As Integer, n As Integer
 n=3
 a1=Array(10, -2, -1, -2, 10, -1, -1, -2, 5)
 b=Array(3, 15, 10)
 for i=1 to n :   y(i)=0  :   next i
 k=1
 For i=1 To 3
 For j=1 To 3
   a(i, j)=a1(k)
   k=k + 1
 Next j, i
 For k=1 To 30
   For i=1 To n
     x(i)=y(i)
   Next i
  For i=1 To n
    t=0
    For j=1 To n
       If ______【2】______Then t=t + a(i, j) * x(j)
    Next j
    y(i)=______【3】______
   Next i
   If ______【4】______Then
      Print k;
```

```
      For i = 1 To n
        Print y(i);
      Next i
      Exit For
    End If
  Next k
  If k > 30 Then Print "发散"
End Sub
```

（3）MATLAB 程序。

以下函数用 fjacobi.m 文件名存盘。

```
function X=fjacobi(A,b,X0)
D=diag(diag(A));
% tril(A)求矩阵的左下三角,tril(A,-1)就不包括主对角线
L=-tril(A,-1);
U=-triu(A,1);
B=D\(L+U);
F=D\b;
X=B*X0+F;
n=1;m=30;
while norm(X-X0)>=1e-5 && n<=m
    X0=X;
    X=B*X0+F;
    n=n+1;
end
```

在命令窗口输入 *a*,*b*,*x*0 得到结果：

```
>> a=[10 -2 -1;-2 10 -1;-1 -2 5];
>> b=[3;15;10];
>> x0=[0 0 0]';
>> x=fjacobi(a,b,x0)
x=
    1.0000
    2.0000
    3.0000
```

2. 用高斯-塞德尔迭代法解线性方程组，精度要求为 10^{-5}。

（1）C 程序填空。

```
#include "math.h"
#include "stdio.h"
float cha (x,y)
float x[3],y[3];
```

```
{ float z;
int i,k,n=3;
z=fabs (y[0]-x[0]);
for (i=1;i<n;i++)
    if (______【1】______)  z=fabs(y[i]-x[i]);
 return (z);
}
main ()
{float a[3][3]={{10,-2,-1},{-2,10,-1},{-1,-2,5}};
float b[3]={3,15,10},x[3]={0,0,0},y[3],t=0,s;
int i,j,n=3,k=0,m=30;
printf ("Gauss-Seidel\n");
do
{  for (i=0;i<n;i++)
       ______【2】______;
   for (i=0;i<n;i++)
     { t=0;
      for (j=0;j<n;j++)
          if (j!=i)______【3】______;
      x[i]=______【4】______;
     }
   k++;
}
 while(k<=m&&______【5】______);
if (cha(x,y)<1e-5)
{ printf ("%d\n",k);
for (i=0;i<n;i++)
   printf ("%10f",x[i]);
}
else
printf ("fasann\n");
}
```

(2) VB 程序。

参照第 1 题的程序自己编写一个 VB 程序。

(3) MATLAB 程序。

```
% 高斯-赛德尔迭代
function X=GS(A,b,X0)
D=diag(diag(A))
L=-tril(A,-1);
U=-triu(A,1);
B=(D-L)\U;
```

```
F=(D-L)\b;
X=B*X0+F;
n=1;
while norm(X-X0)>=1e-5 && n<=30
    X0=X;
    X=B*X0+F;
    n=n+1;
end
```

在 MATLAB 命令窗口输入 *a*,*b*,*x*0，调用函数 gs 即可得到结果。

7.5　拉格朗日插值和牛顿基本插值

1．已知节点 *x* 为 1,2,3,4,5,6,7，对应的 *y* 值为 5,3,2,1,2,4,7，利用拉格朗日插值多项式求在 *x*=3.5 处函数值的近似值。结果为 p=1.326172。

（1）C 程序填空。

```
#include"stdio.h"
main()
{
   float x[20],y[20],p,t,s;
   int n,i,k;
   printf("输入节点个数 n+1\n");
   scanf("%d",&n);
    printf("输入 n+1 个节点数据\n");
    for(k=0;k<=n;k++)
        scanf("%f%f",&x[k],&y[k]);
   printf("输入插值点 t\n");
   scanf("%f",&t);
   ______【1】______;
    for (k=0;k<=n;k++)
      {
       s=1;
       for(i=0;i<=n;i++)
         if(i!=k)______【2】______;
       p=p+______【3】______;
      }
    printf("p=%f\n",p);
}
```

（2）VB 程序填空。

```
Private Sub Form_Click()
```

```
Const n = 6
Dim p#, s!
Dim x, y As Variant
x=Array(1, 2, 3, 4,5,6,7)
y=Array(5,3,2,1,2,4,7)
t=InPutBox("input t")
 p=0
 For k=0 To n
   ____【1】____=1
  For i=0 To n
   If ____【2】____ Then
    s=s * ____【3】____
   End If
  Next i
  p=p +____【4】____
 Next k
Print p
End Sub
```

（3）MATLAB 程序。

① 已知节点 x 为 1,2,3,4,5,6,7，对应的 y 值为 5,3,2,1,2,4,7，求其拉格朗日插值多项式。

```
x=1:7;
y=[5 3 2 1 2 4 7];
u=0.75:0.5:7.25;
n=length(x);
v=zeros(size(u));
for k=1:n
   w=ones(size(u));
   for j=[1:k-1 k+1:n]
      w=(u-x(j))./(x(k)-x(j)).*w;
    end
    lagrangebase=w
    v=v+w*y(k)
 end
 z=[u;v]
 plot(x,y,'o',u,v,'-','linewidth',3);
```

② 符号版：已知节点 x 为 1,2,3,4,5,6,7，对应的 y 值为 5,3,2,1,2,4,7。

```
syms t;
x=1:7;
y=[5 3 2 1 2 4 7 ];
```

```
n=length(x);
s=0;
for k=1:n
   lagbase=1;
      for j=1:n
        if j~=k
          lagbase=(t-x(j))./(x(k)-x(j))*lagbase;
        end
       end
   s=s+lagbase*y(k);
   simplify(s);
end
s=collect(s)
ezplot(s,[0,8])
```

2. 填空完成牛顿基本插值公式的程序。实验数据见表 7-1。

表 7-1

x	0.125	0.25	0.375	0.5	0.625	0.75
$f(x)$	0.79618	0.77334	0.74371	0.70413	0.65632	0.60228

用牛顿基本插值公式计算$f(0.1581)$和$f(0.6367)$的值。

结果为：$f(0.1581)=0.79029$，$f(0.6367)=0.65152$。

（1）C 程序填空。

```
#include"stdio.h"
main()
{int i,k,n;
 float x[20],y[20],t,h,p;
 scanf("%d",&n);
 for(i=0;i<=n;i++)
     scanf("%f%f",&x[i],&y[i]);
 scanf("%f",&t);
 for(k=1;k<=n;k++)
    {for(i=n;______【1】______;i--)
      {______【2】______;
        printf("%f  ",y[i]);
      }
     printf("\n");
    }
  p=y[0];
  ______【3】______;
  for(i=1;i<=n;i++)
```

```
    {h=h*(t-x[i-1]);
     ______【4】______;}
  printf("%f\n",p);
}
```

（2）VB 程序填空。

```
Private Sub Form_Click()
Const n = 4
Dim x(n) As Single, y(n) As Single, t#, p#, s#
For i=0 To______【1】______
 x(i)=InputBox("intput x" & Trim(Str(i)))
 y(i)=InputBox("intput y" & Trim(Str(i)))
Next i
t=InputBox("intput t")
For k=1 To n
  For i=n To k ______【2】______
     y(i)=(y(i) - y(i - 1)) / (______【3】______)
  Next i
Next k
______【4】______
h=1
For i=1 To n
 h=______【5】______
 p=p +______【6】______
Next i
Print "p="; p
End Sub
```

（3）MATLAB 程序。

符号版，数据采用第 1 题（3）的数据。

```
x=1:7;
y=[5 3 2 1 2 4 7];
syms p;
plot(x,y,'o','linewidth',3);
hold on;
n=length(x);
for(k=1:n)
    for(j=n:-1:k+1)
        y(j)=(y(j)-y(j-1))/(x(j)-x(j-k));
    end
end
```

```
v=0;
 w=1;
 for k=1:n
  v=v+w*y(k);
  w=w*(p-x(k));
end
   s=subs(v,'p','x')
   s=collect(s)
ezplot(s,1,7)
```

（4）用 MATLAB 命令实现插值。

```
Interp1 函数:
Yi=interp1(x,y,xi)
Yi=interp1(y,xi)
Yi=interp1(x,y,xi,method)
```

method 的几个选择：

① nearest：最临近点插值；

② linear：线性插值；

③ spline：样条插值；

④ pchip 或 cubic：分段三次埃尔米特插值。

例如：

```
%x、y 为已知节点数据,t 作为插值基点
%采用 nearest 方法插值
y1=interp1(x,y,t,'nearest');
plot(x,y,'o',t,y1),title('nearest 插值效果'),grid
%采用默认的 linear 方法插值
y2=interp1(x,y,t);
plot(x,y,'o',t,y2),title('linear 插值效果'),grid
%采用 pchip 方法插值
y3=interp1(x,y,t,'pchip');
plot(x,y,'o',t,y3),title('pchip 插值效果'),grid
%采用 spline 方法插值
y4=interp1(x,y,t,'spline');
plot(x,y,'o',t,y4),title('spline 插值效果'),grid
%三次样条插值也可以使用 spline
spline(x,y,t)
```

7.6 曲 线 拟 合

设有一组实验数据，见表 7-2。

表 7-2

x_i	1	2	3	4	5	6	7
y_i	5	3	2	1	2	4	7

求其二次拟合多项式。

（1）C 程序填空。

```
#include "math.h"
#include "stdio.h"
#define N 7
main()
{  float a[10][10],x[N+1],y[N+1],s,t[10],d,t1;
   int i,j,k,m,l;
   for(i=1;i<=N;i++)
        scanf("%f%f",&x[i],&y[i]);
/* 输入m是多项式次数,本题是2 */
scanf("%d",&m);
for(i=0;i<=m;i++)
{s=0;
 for(k=1;k<=N;k++)
   s=______【1】______;
 a[i][m+1]=s;
 for(j=0;j<=m;j++)
   {s=0;
    for(k=1;k<=N;k++)
        s=______【2】______;
    a[i][j]=s;
    }
}
for(i=0;i<=m;i++)
  {for(j=0;j<=m;j++)
     printf("%f ",a[i][j]);
   printf("\n");
  }
  for (k=0;k<m;k++)
   { d=a[k][k];
     l=k;
```

```
    for (i=k+1;i<=m;i++)
      if (______【3】______){ d=a[i][k]; l=i;}
    if (fabs(d)<1e-6)
      { printf ("data error");break;}
    if (l!=k)
      for (j=k;j<=m+1;j++)
        {t1=a[l][j];a[l][j]=a[k][j];a[k][j]=t1;}
    for (i=k+1;i<=m;i++)
        a[i][k]=a[i][k]/a[k][k];
    for (i=k+1;i<=m;i++)
      for (j=k+1;j<=m+1;j++)
         a[i][j]=______【4】______;
    }
for (k=m;k>=0; k--)
{ s=0;
  for (j=k+1;j<=m;j++)
    s=s+a[k][j]*t[j];
  t[k]=(a[k][m+1]-s)/a[k][k];
}
printf("%f",t[0]);
for(i=1;i<=m;i++)
    {if (t[i]>=0) printf("+");
        printf("%f*x^%d",t[i],i);
    }
}
```

（2）VB 程序填空。

```
Private Sub Form_Click()
Dim l#, m#, n#, i%, j%, k%, t1#
Dim x As Variant, y As Variant
n=7
m=2
x=Array(0, 1, 2, 3, 4, 5, 6, 7)
y=Array(0, 5, 3, 2, 1, 2, 4, 7)
ReDim a(0 To m, 0 To m + 1) As Single, t(n) As Single
For i=0 To m
    s=0
    For k=1 To n
      ______【1】______
    Next k
    a(i, m + 1)=s
    For j=0 To m
      s=0
```

```
      For k=1 To n
          ____【2】____
      Next k
       a(i, j)=s
    Next j
Next i
For i=0 To m
    For j=0 To m + 1
       Print a(i, j),
    Next j
    Print
Next i
For k=0 To m
    r=k
    For i=k + 1 To m
      If Abs(a(i, k)) > Abs(a(r, k)) Then
        ____【3】____
      End If
   Next i
  If r <> k Then
    For i=0 To m + 1
     t1=a(k, i)
     a(k, i)=a(r, i)
     a(r, i)=t1
    Next i
  End If
  For i=k + 1 To m
     l=____【4】____
     For j=k + 1 To m + 1
        a(i, j)=a(i, j) - l * a(k, j)
     Next j
  Next i
Next k
  For k=m To 0____【5】____
  s=0
  For j=k + 1 To m
    s=s +____【6】____
  Next j
  t(k)=(a(k, m + 1) - s) /____【7】____
Next k
Print "y="; t(0);
```

```
For i=1 To____【8】____
  If t(i) >= 0 Then   Print "+";
  Print t(i); "*x^"; i;
Next i
End Sub
```

（3）用 MATLAB 实现拟合。

① polyfit 用法举例。

```
%多项式拟合正弦函数曲线,原始数据点为
x0=-pi:0.1:pi;
y0=sin(x0);
% 4 次多项式拟合,p0 为所求出的拟合多项式的系数
p0=polyfit(x0, y0, 4);
y1=polyval(p0, x0);
plot(x0, y0, x0, y1, 'r');
```

② 高次插值的龙格振荡现象举例。

多项式拟合效果，阶次越高，并不一定拟合效果越好，如图 7-1 所示。

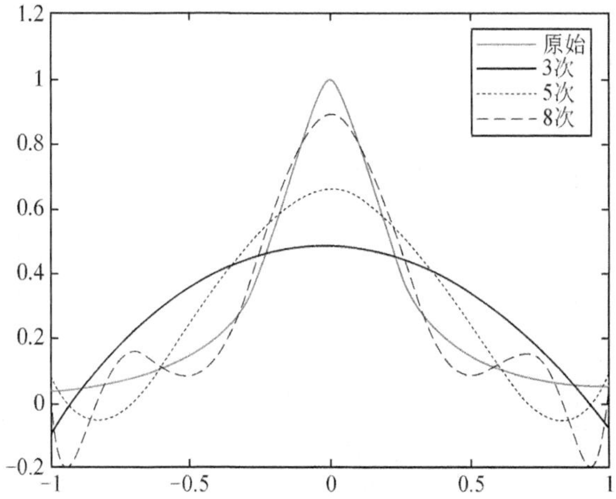

图 7-1　龙格振荡现象

```
x1=-1:0.2:1;
y1=1./(1 + 25*x1.^2);
% 分别使用 3 次、5 次、8 次多项式拟合
p3=polyfit(x1, y1, 3);
p5=polyfit(x1, y1, 5);
p8=polyfit(x1, y1, 8);
x=-1:0.01:1;
y=1./(1 + 25*x.^2);
y3=polyval(p3, x);
```

```
y5=polyval(p5, x);
y8=polyval(p8, x);
figure
plot(x, y,'g', x, y3, 'r-', x, y5, 'm:', x, y8, 'b--','linewidth',4);
legend('原始', '3 次', '5 次', '8 次');
```

③ 非多项式拟合举例。

使用非多项式拟合方法，首先建立拟合选项结构体。

```
options=fitoptions('Method', 'NonlinearLeastSquare');
options.Lower=[-Inf, -Inf, -Inf];
options.Upper=[Inf, Inf, Inf];
% 通过 fittype 建立非线性拟合模型
type=fittype('a/(b + c*x^n)', 'problem', 'n', 'options', options);
% 拟合
[cfun gof]=fit(x1', y1', type, 'problem', 2);
% 拟合效果
ynp=feval(cfun, x);
plot(x, y, 'k','LineWidth', 6);
hold on
plot(x, ynp, 'r');
```

拟合效果如图 7-2 所示。

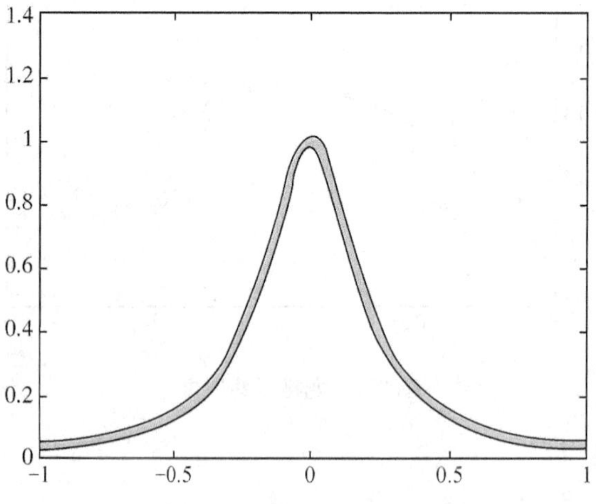

图 7-2　非多项式拟合效果

7.7　数值积分

1．编制用变步长的梯形公式求数值积分的通用程序，试算积分为 $\int_0^1 \frac{1}{1+x^2}\mathrm{d}x$，当精度要求为 0.00001 时，计算结果为 0.7853956。

VB 程序填空：

```
Private Sub Form_Click()
 Dim a As Single, b As Single, eps As Single, s As Single
 Dim x As Single, h As Single, t1 As Single, t As Single
 a=InputBox("输入积分下限 a")
 b=InputBox("输入积分上限 b")
 eps=InputBox("输入精度要求 eps")
 h=b - a
 t2=____【1】____
 Do
  t1=t2
  s=0
   For x=a + h / 2 To b ____【2】____
     s=s + f(x)
   Next x
   t2=t1 / 2 + ____【3】____
   h=h / 2
  ____【4】____Abs(t1 - t2) > eps
  Print "积分的近似值为:"; t2
  End Sub
  Function f(x As Single) As Single
     f=1 / (1 + x * x)
  End Function
```

2. 编制复合辛普森公式求积分的通用程序，设 N=8，试算例题为 $\int_0^1 \frac{1}{1+x^2}\mathrm{d}x$，计算结果为 0.785398。

（1）C 程序填空。

```
#include "math.h"
 #define N 8
 float f(float x)
  {   return 1/(x*x+1);  }
 main()
  {   int i;
   float a=0,b=1,h,x,s;
    h=____【1】____;
   x=a;
   s=____【2】____;
   for(i=1;i<=N;i++)
     {x=x+h;
```

```
      s=s+4*f(x);
     x=x+h;
     s=______【3】______;
    }
   s=______【4】______;
   printf("s=%f\n",s);
  }
```

（2）VB 程序填空。

```
Function f!(x!)
    f=1 / (1 + x * x)
End Function
Private Sub Form_Click()
 Dim i As Integer
 Dim a!, b!, N!, h!, x!, s!
 a=0: b=1
 N=8
 h=______【1】______
 x=a
 ______【2】______
 For i=1 To N
    x=x + h
    s=______【3】______
    x=x + h
    s=s + 2 * f(x)
 Next i
 s=______【4】______
 Print s
End Sub
```

（3）MATLAB 程序。

```
%Simpson 计算定积分问题
a=0;
b=1;
n=8;
h=(b-a)/(2*n);
x=a;
s=fsps(a);
for i=1:n
   x=x+h;
   s=s+4*fsps(x);
   x=x+h;
```

```
    s=s+2*fsps(x);
  end
  s=h*(s-fsps(b))/3

  fsps.m 文件内容为:
  function y=fsps(x)
     y=1/(1+x*x);
```

运行结果

```
  s=
     0.7854
```

3．用龙贝格公式求定积分 $\int_0^1 x^2 e^x dx$。

（1）C 程序。

阅读下面用龙贝格公式求数值积分的 C 程序，回答问题。

```
#include "stdio.h"
#include "math.h"
float f(float x)
  {return x*x*exp(x);}
main()
{float a,b,h,eps,s,t[10][10];     int i,k,j;
 scanf("%f%f%f",&a,&b,&eps);
 k=0; h=b-a;
 t[0][0]=h/2*(f(a)+f(b));
 do
    {k++;     h=h/2;     s=0;
     for(j=1;j<=pow(2,k-1);j++)
        s=s+f(a+(2*j-1)*h);
     t[k][0]=t[k-1][0]/2+h*s;
     for(i=1;i<=k;i++)
      {j=k-i ;
       t[j][i]=(pow(4,i)*t[j+1][i-1]-t[j][i-1])/(pow(4,i)-1);
     }
    } while(fabs(t[0][k]-t[0][k-1])>=eps);
printf("I=%f\n",t[0][k]);
}
```

问题 1：写出上面程序所求的定积分的式子。

问题 2：写出下划线部分所对应的公式。

问题 3：写出波浪线部分所对应的公式

问题 4：while 语句表达的是什么条件？

(2) VB 程序填空。

```
Function f!(x!)
    f=x * x * Exp(x)
End Function
Private Sub Form_Click()
Dim a!, b!, h!, eps!, s!, t!(10, 10)
Dim i%, j%, k%
   a=InputBox("输入积分下限")
   b=InputBox("输入积分上限")
   eps=InputBox("输入精度要求")
   k=0
   h=b - a
  t(0, 0) =______【1】______
   Do
     k=k + 1
     h=h / 2
     s=0
    For j=1 To ______【2】______
        s=s + f(a + (2 * j - 1) * h)
     Next j
    t(k, 0)=______【3】______
     For i=1 To k
        j=k - i
        t(j, i)=(4 ^ i * t(j + 1, i - 1) - t(j, i - 1)) / (4 ^ i - 1)
     Next i
  Loop Until ______【4】______< eps
  Print "I="; t(0, k)
End Sub
```

(3) MATLAB 程序。

① 龙贝格积分方法函数，以文件名 rombg.m 存盘。

```
%a,b 为积分区间
%eps 为误差要求
%s 为最后积分面积
function s=rombg(a,b,eps)
n=1;
h=b-a;
%设置设计误差初值
delt=1;
x=a;
k=0;
```

```
R=zeros(4,4);
R(1,1)=h*(rombg_f(a)+rombg_f(b))/2;
while delt>eps
%如果两次计算的差值大于给定误差则进入循环
        k=k+1;   h=h/2; s=0;
         for j=1:n
           x=a+h*(2*j-1); s=s+rombg_f(x);
         end
       R(k+1,1)=R(k,1)/2+h*s; n=2*n;
    for i=1:k
    R(k+1,i+1)=((4^i)*R(k+1,i)-R(k,i))/(4^i-1);
    end
%前后两次值的差
    delt=abs(R(k+1,k)-R(k+1,k+1));
end
s=R(k+1,k+1);
```

② 定义函数，以文件名 rombg_f.m 存盘。

```
%Romberg 方法 试验函数
function f=rombg_f(x)
    f=x/(4+x^2);
```

③ 在命令窗口输入以下命令，即可得到结果。

```
>> rombg(0,1,1.e-6)
ans=
   0.785398166319429
```

4．用 MATLAB 命令求定积分。

（1）用 quad 函数求定积分。

该函数的调用格式为：

```
[I,n]=quad('filename',a,b,tol,trace)
```

其中，filename 是被积函数名；a 和 b 分别是定积分的下限和上限；tol 用来控制积分精度，默认时取 tol=10^{-6}；trace 控制是否展现积分过程，若取非 0 则展现积分过程，取 0 则不展现，默认时取 trace=0；返回参数 I 即定积分值；n 为被积函数的调用次数。

例如，求定积分 $\int_0^1 \frac{1}{1+x^2}\mathrm{d}x$ 。

先定义一个函数 fj，以 fj.m 文件存盘。

```
function f=fj(x)
    f=1./(1+x.*x)
end
```

然后在命令窗口输入以下命令：

```
>> [s,n]=quad('fj',0,1)
```

得到结果如下：

```
s=
    0.7854
n=
    17
```

（2）使用 quadl 函数可以得到精度更高的结果。

```
>>[s,n]=quadl('fj',0,1)
```

（3）当被积函数是以表格形式给出时，可以使用 trapz 函数求积分 $\int_0^1 x^2 e^x dx$ 。

```
>> x=0:0.1:1;
>> y=x.^2.*exp(x);
>> s=trapz(x,y)
s =
    0.7251
```

7.8　常微分方程初值问题的数值解法

用改进的欧拉方法求解下列初值问题，取步长 h=0.1。

$$\begin{cases} y' = y - \dfrac{2x}{y} & (0 \leqslant x \leqslant 1) \\ y(0) = 1 \end{cases}$$

（1）C 程序填空。

```
#include "stdio.h"
float f(float x,float y)
{
    return y-2*x/y;
}
main()
{
    int n,i;
    float x,y,h,k1,k2;
    x=0;y=1;h=0.1;n=10;
    for(i=1;i<=n;i++)
    {
        k1=f(x,y);
```

```
        x=______【1】______;
        k2=f(x,y+h*k1);
        y=y+______【2】______;
        printf("x=%f,y=%f\n",x,y);
    }
}
```

（2）VB 程序填空。

```
Private Sub Form_Click()
Dim x!, y!, h!, k1!, k2!, n%, i%
x = 0 : y = 1: h = 0.1: n = 10
For i=1 To n
 k1=f(x, y)
 x=______【1】______
 k2=f(x, y + h * k1)
 y=y +______【2】______
 Print x, y
Next i
End Sub

Function f(x!, y!) As Single
  f=y - 2 * x / y
End Function
```

（3）MATLAB 程序。

```
x=0;
y=1;
h=0.1;
n=10;
for i=1:n
    k1=fxy(x,y);
    x=x+h;
    k2=fxy(x,y+h*k1);
    y=y+h*(k1+k2)/2;
    disp (['x=',num2str(x),'时,y= ',num2str(y)])
end
```

fxy.m 文件内容：

```
function  y1=fxy(x,y)
    y1=y-2*x/y;
```

运行结果：

```
x=0.1 时,y= 1.0959
x=0.2 时,y= 1.1841
x=0.3 时,y= 1.2662
x=0.4 时,y= 1.3434
x=0.5 时,y= 1.4164
x=0.6 时,y= 1.486
x=0.7 时,y= 1.5525
x=0.8 时,y= 1.6165
x=0.9 时,y= 1.6782
x=1 时,y= 1.7379
```

（4）MATLAB 函数求解常微分方程。

MATLAB 中用于求解常微分方程的函数包括 ode45,ode23,ode113,ode15s,ode23s,ode23t,ode23tb 等，格式为

```
[x,y]=ode45('fun',[x0,xn],y0,option]
```

其中，fun 为函数文件名，[x0,xn]为求解区域，y0 为初始条件，option 为可选参数，可参考 MATLAB 帮助文件。x 输出自变量向量，y 输出[y,y',y'',…]。

例如，在 MATLAB 命令窗口输入：

```
>>fun=inline('y-2*x/y','x','y')
>> [x,y]=ode45(fun,[0,1],1)
```

结果为一列 x 的值，一列 y 的值。

参考文献

邓建中，刘之行．2001．计算方法．西安：西安交通大学出版社．

关治，陆金甫．1998．数值分析基础．北京：高等教育出版社．

李庆阳，王能超，易大义．1982．数值分析．武汉：华中理工大学出版社．

李庆杨，关治，白峰杉．2000．数值计算原理．北京：清华大学出版社．

邵华开，陈仁华．1995．计算方法．北京：石油工业出版社．

施吉林，刘淑珍，陈桂芝．1999．计算机数值方法．北京：高等教育出版社．

施妙根，顾丽珍．1999．科学和工程计算基础．北京：清华大学出版社．

宋叶志，贾东永．2010．MATLAB 数值分析与应用．北京：机械工业出版社．

吴勃英，王德明，丁效华，等．2003．数值分析原理．北京：科学出版社．

张可村，赵英良．2003．数值计算的算法与分析．北京：科学出版社．